W0334843

Der Unimog in der Feuerwehr

Dirk Biemer

Der Unimog in der Feuerwehr

Auf der ganzen Welt im Einsatz ● Die Geschichte eines Erfolges

Dirk Biemer

Band I

FEUERWEHR MAGAZIN

ISBN 3-929212-00-5

© 1992 Kortlepel Verlags GmbH,
Feuerwehr-Magazin, Bremen

Alle Rechte vorbehalten. Printed in Germany. Nachdruck von Bild und Text – auch auszugsweise – nur mit Genehmigung.

Redaktion: Jan Gaede

Gestaltung: Wolfgang Böhlert

Satz: Lichtsatz Imken, Oldenburg

Schrift: Garamond ITC

Druck: Druckerei J. Humburg, Bremen

Papier: Classen Optima, holzfrei glänzend gestrichen chlorfrei Bilderdruck

Verarbeitung: Großbuchbinderei Bernhard Gehring, Bielefeld

Umschlagfotos:
Vorderseite: LF 16-TS, Rückseite: Tanklöschfahrzeug aus Schweden, Fotos: Mercedes-Benz AG.

Inhaltsverzeichnis

Vorgeschichte des Unimog 9

Die Entwicklung des Unimog –
Von der Idee zum Serienfahrzeug 12

Der Unimog S 24

Das Baumuster 416 32

Die schweren Unimog 40

Die ersten Löschfahrzeuge 56

Tanklöschfahrzeuge 62

– Das TLF 8 des Luftschutzhilfsdienstes 63

– Tanklöschfahrzeuge nach DIN 72

– Tanklöschfahrzeuge ohne Norm 77

Waldbrand-Tanklöschfahrzeuge 99

– in Frankreich 100

– in Belgien 113

– in Südafrika 116

– in aller Welt 122

Löschgruppenfahrzeuge 137

Pulverlöschfahrzeuge 147

– Das Standardmodell TroLF 750 156

– Sonderausführungen 163

Kombinierte Löschfahrzeuge
Pulver/Schaum 168

Twin Agent Fahrzeuge 171

Flughafenlöschfahrzeuge 175

– Schaumlöschfahrzeuge
mit Treibgasanlage 177

– Schaumlöschfahrzeuge
mit Kreiselpumpe 178

– Trocken-Schaumlöschfahrzeuge 180

– Das SLF 1200/500 – Der Standardtyp
für Regionalflugplätze 183

– Rapid Intervention Vehicles 187

– Rettungsdienstfahrzeuge
(Gerätewagen für
Flughafenfeuerwehren 190

Technische Daten 194

Abkürzungen 204

Qellenverzeichnis 205

Bildquellenverzeichnis 206

Vorwort

Die Entstehung der ersten Automobile und ihre Entwicklung bis in die Gegenwart gehört zu den interessantesten und umfangreichsten Kapiteln der Technik- und Industriegeschichte. Und obwohl zahlreiche Veröffentlichungen schon viele Teilbereiche der Kraftfahrzeughistorie einer interessierten Leserschaft zugänglich machten, blieben noch immer darstellenswerte Abschnitte im Verborgenen. So war auch die Geschichte des Mercedes-Benz Universal-Motor-Gerätes mehrfach das Thema verschiedener Artikel und Bücher. Einzelne Teilgebiete und Anwendungsfelder können aber bei so einem vielseitig verwendbaren Gerät immer nur auszugsweise vorgestellt werden.

Um eine ausführliche Darstellung in Wort und Bild zu gewährleisten, beschränkt sich die nunmehr abgeschlossene Dokumentation auf die Einsatzmöglichkeiten des Mercedes-Benz Unimog als Feuerwehr- und Hilfsfahrzeug. Die für diesen Zweck besonders geeigneten Baumuster, die zudem ab Werk als Feuerwehrfahrgestelle geliefert wurden und werden, bilden den Schwerpunkt des ersten Abschnittes der Dokumentation. Aber auch alle anderen Baureihen sind zumindest im Bildteil vertreten, soweit sie mit entsprechenden Spezialaufbauten versehen wurden.

Der Schwerpunkt liegt auf der anwendungstechnischen Seite, d. h. auf den für den Unimog entwickelten Spezialaufbauten und Löschanlagen. So spannt sich der Bogen von den ersten Feuerwehrfahrzeugen der frühen fünfziger Jahre über die Tanklösch- und Löschgruppenfahrzeuge zu den Pulver- und Schaumlöschwagen, sowie zu den Geräte- und Rettungsdienstwagen.

Im Laufe der seit über 40 Jahren andauernden Serienfertigung bildeten Fahrwerke aus dem Unimog-Programm die Grundlage für nahezu alle im Feuerwehrdienst gebräuchlichen Einsatzfahrzeuge. Zwar ist es trotz intensiver Bemühungen nicht gelungen, von allen Bauformen Bild- und Datenmaterial zu erhalten, doch stellen die zusammengetragenen Fotos von mehr als 600 Hilfs-, Feuerlösch- und Rettungswagen einen annehmbaren Fundus zur Auswahl der interessantesten Wagen dar. Dazu gehören auch Spezialfahrzeuge, die erst in zweiter Linie als Hilfsfahrzeuge anzusehen sind. Dies gilt insbesondere für Mannschaftswagen, Wasserwerfer und ähnliche Sondermodelle, die aber auch von vornherein für behelfsmäßige Verletztenbeförderung bzw. Brandbekämpfung oder Trinkwasserversorgung verwendet werden können.

Dank der Unterstützung zahlreicher Feuerwehrgerätehersteller, Fotografen und Sammler ist die vorliegende Dokumentation mit einem umfangreichen Bildteil ausgestattet. Zum Gelingen des Werkes haben Herr Erich Rid (Mercedes-Benz AG, Gaggenau) und Herr Ralf Maile in besonders hohem Maße beigetragen. An dieser Stelle sei auch allen anderen Helferinnen und Helfern für die Mitarbeit gedankt.

Für die Richtigstellung eventuell auftretender Fehler und Ungenauigkeiten, sowie für weitere Informationen und Fotos, bin ich immer dankbar.

Dirk Biemer

Vorgeschichte des Unimog

Schon Jahrzehnte vor der Entstehung des Universal-Motor-Gerätes befaßten sich die Daimler-Motoren-Gesellschaft und die Benz-Werke mit der Herstellung von Zugmaschinen für militärische Transportaufgaben und von Schleppern für landwirtschaftliche Arbeiten. Beide Unternehmen entwickelten vor und während des ersten Weltkrieges (1914 – 1918) Zugmaschinen für schwere Geschütze und Lastzüge.

Am Beginn der Ahnenreihe steht die Daimler Vorspannmaschine aus dem Jahr 1903. Hierbei handelt es sich um eine dem Lastkraftwagen mit

Für die Feuerwehr Oslo wurde schon im Jahre 1925 dieses Feuerwehr-Fahrzeug auf einem Traktorfahrgestell von Benz geliefert. Dieses Fahrzeug wies schon die Merkmale des späteren Unimog auf: Allradantrieb, gleich große Räder, große Bodenfreiheit, kurzer Radstand. Dieser „Löschtraktor" war in Oslo bis 1939 im Einsatz.

Verschiedene Embleme der Firmen Benz und Daimler. Unten das Emblem, das nach der Fusion im Jahre 1926 zur Daimler-Benz AG geführt wurde.

Ladepritsche ähnliche Zugmaschine mit kleinen, antriebslosen Lenkrädern an der Vorderachse und den großen Antriebsrädern an der Hinterachse. Die 1632 mm durchmessenden Stahlscheibenräder verliehen dem Fahrzeug seine enormen Zugkräfte. Die Kraft des 70 PS-Motors wurde über die Kupplung und das Getriebe mittels Ketten auf die Hinterachse übertragen.

Im Jahr 1907 folgte der Daimler Motor-Zugwagen mit 80 PS Motorleistung und Allradantrieb. Die Vorder- und Hinterräder hatten einen Durchmesser von 1010 mm.

Die spanische Heeresverwaltung beschaffte 1913 Zugkraftwagen mit Allradantrieb und Ritzel in Vorder- und Hinterrädern.

Auch die Firma Benz & Co. arbeitete an Zugmaschinen für militärische Zwecke. Seit 1916 produzierte man in Gaggenau den Artillerie-Kraftschlepper ASK mit einem 80 PS starken Motor. Im Mannheimer Benz-Werk stellte man zur gleichen Zeit erste Überlegungen über die Nachkriegsproduktion an. Bei der Umstellung der Fertigung auf zivile Fahrzeuge sollte auch der Bereich Landwirtschaft berücksichtigt werden. Die zu diesem Zweck gegründete Firma Benz-Sendling sollte auch die Entwicklung und den Bau von Traktoren und Motorpflügen übernehmen.

Unmittelbar nach Kriegsende lieferte Benz & Co. zwei Artillerie-Zugmaschinen mit Vierradantrieb und Allradlenkung an das spanische Militär. Daimler in Untertürkheim hatte zur selben Zeit einen „Werkschlepper" mit Allradlenkung und -antrieb entwickelt.

In den ersten Nachkriegsjahren arbeiteten die Konstrukteure intensiv an landwirtschaftlich nutzbaren Schleppern und Zugmaschinen. Die Daimler-Motoren-Gesellschaft bot 1921 einen schweren Motorpflug sowie einen großen und kleinen Pflugschlepper an. Die Benz-Werke Gaggenau brachten zur gleichen Zeit einen Landtraktor auf den Markt. Dieser war in typischer Schlepperbauweise mit einer ungefederten Antriebshinterachse und kleinen Lenkrädern auf der Vorderachse ausgeführt. Über eine Riemenscheibe konnten auch andere landwirtschaftliche Geräte, wie Dreschmaschinen, Strohpressen und Heuaufzüge, angetrieben werden. Die Feldbearbeitung, wie Pflügen und Eggen, blieb allerdings die Hauptaufgabe des Landtraktors. Rentabel einsetzen ließen sich solche Großgeräte aber nur auf weiträumigen Anwesen und Gutshöfen. Bezeichnet wurde der Landtraktor auch als „Universal-Werkzeug für die Landwirtschaft".

Eine Variante des Landtraktors war die auf gleicher Grundlage entwickelte Straßenzugmaschine. Hier erfolgte die Kraftübertragung durch Ketten auf die Hinterachse, die mit normaler Federung und Lkw-Bereifung versehen war.

Für verschiedene Polizeibehörden konstruierte man bei den Benz-Werken ein Fahrgestell mit Allradantrieb und Doppellenkung für Vor- und Rückwärtsfahrt, welches anschließend mit einem Panzeraufbau ausgestattet wurde. Zugfahrzeuge und Allrad-Lkw blieben Einzelstücke.

Schon vor der Fusion der Firmen Benz und Daimler zur Daimler-Benz AG im Jahre 1926 arbeitete man in mehreren Produktbereichen zusammen. So entwickelte die „Interessengemeinschaft Daimler und Benz" ein vierradgetriebenes Traktorfahrgestell. Obwohl hier natürlich noch kein Ur-Unimog entstanden war, wies dieses Fahrzeug einige charakteristische Merkmale der späteren Unimog-Konzeption auf. Zu nennen wären

- der Allradantrieb,
- der kurze Radstand,
- die gleichdimensionierten Vorder- und Hinterräder,
- die große Bodenfreiheit,
- die großen Überhangwinkel vorn und hinten, Vierganggetriebe mit Nebenabtrieb und das Fahrerhaus für 2 Personen.

Für die Berufsfeuerwehr Oslo wurde sogar ein Feuerlöschwagen auf diesem Traktorfahrgestell gefertigt. Die 1925 gelieferte Automobilspritze verfügte über eine Feuerlöschkreiselpumpe von Benz-Gaggenau mit einer maximalen Förderrate von 2 000 l/min bei 8 bar. Die heckseitig installierte Pumpe wurde über den Nebenabtrieb vom Fahrmotor angetrieben. Dieses Aggregat vom Typ LA 1264 entwickelte eine Leistung von 55 PS bei 1 200 U/min.

Der feuerwehrtechnische Aufbau umfaßte zwei Quersitze hinter der Fahrersitzbank, Gerätekästen, Schlauchhaspellagerungen und ein Gerüst zur Aufnahme von Schieb- und Hakenleitern. In Oslo lief dieser Löschtraktor bis zum Jahr 1939 im Löschzugverband.

In den Jahren zwischen 1928 und 1935 produzierte Mercedes-Benz den Straßen- und Ackerschlepper vom Typ OE, der von einem liegenden Einzylinder-Dieselmotor mit 26 PS Leistung angetrieben wurde.

DIE ENTWICKLUNG DES UNIMOG – VON DER IDEE ZUM SERIENFAHRZEUG

Der Leiter der Flugmotorenentwicklung der Firma Daimler-Benz, Direktor Albert Friedrich (1902 – 1961), befaßte sich seit Ende 1944 mit der Konstruktion eines neuen Fahrzeuges für die Landwirtschaft und legte die bis heute gültige Unimog-Konzeption fest. Mit einem Team von Ingenieuren und Experten entwickelte Albert Friedrich den Unimog bis zur Serienreife im Jahr 1948.

Im letzten Quartal des Jahres 1944, der zweite Weltkrieg neigte sich mit einem seit langem absehbaren, eindeutigen Ergebnis seinem Ende zu, beschäftigte sich Albert Friedrich, der Leiter der Flugmotorenentwicklung der Daimler-Benz AG in Berlin-Marienfelde, gedanklich mit den eingeschränkten industriellen Fertigungsmöglichkeiten im Nachkriegsdeutschland. Die Grundlagen seiner Überlegungen bildeten die von den Alliierten (USA, Sowjetunion und Großbritanien) auf der Konferenz in Teheran vereinbarten Maßnahmen zur Zerschlagung des Deutschen Reiches und seiner leistungsfähigen Industrie. Der amerikanische Finanzminister Henry Morgenthau plante die Umwandlung Deutschlands in einen Agrarstaat, dessen industrielles Potential auf das für die Landwirtschaft notwendige Maß reduziert werden sollte. Den anderen Produktionsstätten stand die Demontage bevor.

Diese damals bekannten Vorhaben der Alliierten regten Albert Friedrich zur Entwicklung eines Fahrzeuges für die landwirtschaftliche Nutzung an, welches mehr Geräteträger als herkömmlicher Ackerschlepper sein sollte. Die Rationalisierung der Arbeitsvorgänge durch ein Basisfahrzeug und zahlreiche auswechselbare Anbaugeräte stand schon bei der Konzeption im Vordergrund. Albert Friedrich informierte sich daher in der Endphase des Krieges bei Landwirten über die Erfordernisse eines solchen Fahrzeuges. Die Produktion sollte nach Kriegsende bei Daimler-Benz aufgenommen werden und damit den Bestand eines Teiles des Unternehmens sichern.

Am 19. April 1945 war der Krieg für Albert Friedrich aufgrund der Einnahme der Stadt Schwäbisch Gmünd, in der er sich zu dieser Zeit aufhielt, durch amerikanische Streitkräfte beendet. Allerdings war es unmöglich, in den folgenden Wochen irgendjemanden für eine neue technische Idee zu gewinnen. Zudem verboten die Militärbehörden jegliche Reisen, so daß an eine Rückkehr nach

Stuttgart-Untertürkheim nicht zu denken war. So begann Albert Friedrich in Schwäbisch Gmünd, vier Tage nach der Kapitulation des Deutschen Reiches, am 12. Mai 1945, mit dem Zeichnen der ersten Entwurfskizzen für das geplante Motorgerät.

Die im Juni 1945 gelockerten Vorschriften ermöglichten ihm die Rückkehr nach Stuttgart-Untertürkheim, wo er von Dr. Haspel den Auftrag zur Reorganisation der Konstruktionsabteilung erhielt. Die verworrenen Verhältnisse der frühen Nachkriegszeit ließen noch keine Schlußfolgerungen über die Zukunft des Unternehmens oder einzelner Teilbereiche zu. Zerstörte Produktionsstätten und die drohende Demontage machten den Bau von Personen- und Lastkraftwagen sowie des von Albert Friedrich propagierten Motorgerätes für die Landwirtschaft fraglich.

Vordringlichstes Ziel war darum, die Zusammenführung der verbliebenen Mitarbeiter aus der Flugmotoren- und Fahrzeugentwicklung zu einer neuen Einheit.

Da Dr. Haspel dem Gedanken an ein landwirtschaftliches Arbeitsgerät

Mit dem ersten Unimog-Fahrwerk – noch ohne Karosserie – unternahm die Entwicklungsmannschaft um Albert Friedrich im Oktober 1946 schon umfangreiche Testfahrten. Mit dem Unimog-Chassis stellen sich hier drei an der Konstruktion maßgeblich beteiligte Ingenieure dem Fotografen: Am Lenkrad Dipl.-Ing. Rößler, daneben Ing. Rank und rechts Ing. Zabel, der Erfinder der Bezeichnung UNIMOG (UNIversal-MOtor-Gerät).

Zahlreiche Vorführungen des Unimog in Wald und auf dem Feld waren notwendig, um Zweifel an der Einsatztauglichkeit auszuräumen. Eine dieser Präsentationen fand am 18. Oktober 1948 auf der Burg Staufeneck statt.

positiv gegenüber stand, begannen einige Mitarbeiter mit der Ermittlung von Grundlageninformationen und Einzelheiten, um diese in eine mögliche Konstruktion einzubringen. Im Rahmen dieser Vorarbeiten besuchte die Gruppe auch die Landwirtschaftliche Hochschule in Hohenheim (Stuttgart-Hohenheim) und erhielt durch Gespräche und Bibliotheksstudien wertvolle Hinweise. Während einer Besprechung zwischen der Arbeitsgruppe Friedrichs und Landwirtschaftsfachleuten am 13. September 1945 in Hohenheim wurde die Grundkonzeption des neuen Fahrzeuges festgelegt.

Bei diesem Entwicklungsstand wurde das Gesetz Nr. 8 der Alliierten Militärregierung wirksam, welches die Weiterbeschäftigung von Parteimitgliedern und an der Kriegsproduktion maßgeblich beteiligter Personen verbot. Die sich daraus ergebenden Veränderungen bei Daimler-Benz betrafen sowohl Albert Friedrich und seine Mitarbeiter als auch das Fahrzeugprojekt, denn auch Dr. Haspel als Befürworter des Vorhabens mußte für einige Zeit die Daimler-Benz AG verlassen.

Da eine Fortsetzung der Planung im Hause Daimler-Benz nunmehr nicht möglich war, mußte ein geeigneter Partner gesucht werden. Albert Friedrich nahm darum am 24. August 1945 Kontakt zu der Firma Erhard & Söhne in Schwäbisch Gmünd auf. Diese Gold- und Silberwarenfabrik, wegen der Lieferung von Teilen für die Flugzeugmotorenfertigung von der Demontage bedroht, zeigte sich am Bau eines landwirtschaftlichen Fahrzeuges sehr interessiert.

Nach ausführlichen Gesprächen und der Erteilung einer „Production Order“ am 20. November 1945 richtete das Unternehmen am 1. Dezember 1945 eine Abteilung für landwirtschaftliche Belange ein. Dort nahmen Albert Friedrich und seine vier Mitarbeiter die konstruktiven Vorarbeiten sofort wieder auf. Diese Tätigkeit beanspruchte den gesamten Monat Dezember, so daß die eigentlichen Konstruktionspläne erst Anfang 1946 erstellt wurden.

Zum Team um Albert Friedrich gehörten Oberingenieur Freytag, Hans Zabel (zuständig für alle Fragen der Materialbeschaffung) und der Dipl. Agronom Grass. Die Beteiligung eines Landwirtschaftsexperten hat sich dann auch hervorragend bewährt. Seit dem 2. Januar 1946 gehörte Dipl.-Ing. Heinrich Rößler, als Leiter der Konstruktion, zur Entwicklungsmannschaft. Später stieß der Testpilot der Luftwaffenerprobungsstelle Rechlin, Christian Dietrich, dazu und übernahm die Ressorts Gestaltung und Versuch.

Heinrich Rößler hielt sich bei der Erstellung der Konstruktionspläne an die im Hohenheimer Gespräch vom 13.9.1945 und in der Denkschrift, die zur Erteilung der „Production Order“ führte, gefaßten Anforderungskriterien:

- Allradantrieb mit Differentialsperren
- Gefederte Portalachsen
- Gleiche Größe bei Vorder- und Hinterrädern
- Motor über der Vorderachse
- Fahrgeschwindigkeit bis circa 50 km/h
- Allseitig geschützter Sitzplatz für Fahrer und Beifahrer
- Hilfsladefläche für circa 1000 kg Zuladung
- Mögliche Gerätemontage vorn, mittig und hinten
- Mögliche Antriebswellen (Zapfwellen) vorn und hinten, sowie ein seitlicher Riemenscheibenantrieb.

Ungewöhnlich für einen landwirtschaftlichen Schlepper war auch die ansonsten im Personen- und Lastkraftwagenbau übliche Rahmenbauweise.

Die ersten Konstruktionsentwürfe hatte Heinrich Rößler am 28. Januar 1946 fertiggestellt. In diese Zeit fielen auch wichtige Verhandlungen über die Finanzierung des Projektes. In die „Entwicklungsgesellschaft“, die formlos ohne Vertrag gegründet wurde, investierte Albert Friedrich außer seinen Fähigkeiten eigene Geldmittel, ebenso der Dipl.-Landwirt Grass. Die

Zum Gelingen des Unimog-Projektes trug auch der Leiter des Ressorts Versuch und Gestaltung, Christian Dietrich, einen gewichtigen Anteil bei.

Die Serienfertigung des Unimog U 25 begann bereits 1949 bei der Firma Boehringer in Göppingen. Die Frontscheinwerfer wurden anfangs noch hinter dem Kühlergrill – analog zum Prototyp – montiert.

Als Zug- und Transportfahrzeug fand der Unimog U 25 schon sehr bald Verwendung bei der Brandbekämpfung. Aufsteckbare Sitzbänke für die Ladefläche erlaubten die Beförderung von 4 oder 6 zusätzlichen Helfern. Die notwendige Ausrüstung – hier Feuerpatschen und Waldbrandbekämpfungsgerät – lagerte auf speziellen Anhängern.

Firma Erhard & Söhne, mit ihrem technischen Leiter Dipl.-Ing. Eduard Köhler, beteiligte sich mit Material und Werkstätten.

Mit 100 000 Reichsmark Einlage stellte der Faurndauer Schuhfabrikant Franz Catta, in dessen Hallen ein Teil der Flugmotorenproduktion untergebracht war, die Arbeiten am Motorgerät sicher. Er vermittelte im März 1946 auch die Gespräche mit der Maschinenfabrik Gebr. Boehringer in Göppingen, die unter dem alliierten Produktionsverbot litt und mit der Demontage zu rechnen hatte. Nachdem Dr. Irtenkauf, der Leiter der Konstruktion bei Boehringer, vom Nutzen des Fahrzeuges überzeugt war, entsandte er einige Mitarbeiter nach Schwäbisch-Gmünd. Heinrich Rößler hatte am 6. Mai gerade die erste Überarbeitung der Konstruktionspläne abgeschlossen.

Der Beitritt der Firma Gebr. Boehringer zur „Entwicklungsgesellschaft" Anfang Mai 1946 ging also einher

Die für den Unimog entwikkelte Abschleppbrücke ließ auch die Bergung von größeren Lastkraftwagen durch den relativ leichten U 25 zu. Der zapfwellengetriebene Vorbaukompressor lieferte die Preßluft für die mitgeführten Druckluftwerkzeuge.

mit der Vollendung des Gesamtentwurfes und dem Beginn der Detailplanung. In den Sommermonaten schritten die Arbeiten, trotz widrigster Bedingungen bei der Beschaffung von Material und Aggregaten, zügig voran. Schon am 9. Oktober 1946 konnte das erste Fahrgestell zu seiner Jungfernfahrt aus der Halle rollen.

Noch ohne Karosserie unternahm man die ersten Erprobungsfahrten auf der Straße und im Gelände. Seine Leistungsfähigkeit stellte das Chassis in dieser Zeit überaus deutlich unter Beweis. Schwierigste Arbeiten verrichtete der Wagen anstandslos. Beim Pflügen eines verschlammten Ackers in der Nähe von Aalen bewährte sich der Vierradantrieb vorzüglich.

Vier Wochen nach Vollendung des Fahrwerks war dann auch die Karosserierung abgeschlossen. Im Rahmen einer kleinen Feier wurde das Fahrzeug in Anwesenheit der Mitarbeiter Albert Friedrichs und der Firma Erhard & Söhne sowie einiger Landwirte auf den Namen UNIMOG getauft.

Diese Bezeichnung ging aus einem Wettbewerb innerhalb der Konstruktionsmannschaft hervor. Da weder die Begriffe Fahrzeug und Schlepper in Frage kamen, mußte ein vollkommen neuer Name gesucht werden. Hans Zabel prägte mit seinem Vorschlag „Universal-Motorgerät für die Landwirtschaft“ und der sich daraus ergebenden Abkürzung UNIMOG den bis heute gültigen Markennamen.

Zu den umfangreichen Feld- und Fahrversuchen zählte auch eine größere Überlandfahrt im Winter 1946, die trotz großer Kälte erfolgreich verlief. In Ermangelung des vorgesehenen 1,7 l Dieselmotors von Daimler-Benz mußten die Fahrten noch mit dem 1,7 l Benzinaggregat (M 136) des gleichen Herstellers durchgeführt werden.

Das Jahr 1947 stand ganz im Zeichen zahlreicher Vorführungen vor Landwirten und Behördenvertretern, denn die Skepsis gegenüber dem neuartigen Gerät war noch sehr groß und konnte nur durch anwendungsbezogene Präsentationen überwunden werden. Eine solche Veranstaltung war die Waldvorführung am 31. Januar 1947 in Buoch (Remshal-

In ländlichen Regionen diente mancher Unimog U25 mit Geräteaufsatz und Aufsteckpumpe als Löschfahrzeug, welches im Übungs- oder Einsatzfall mit wenigen Handgriffen aus einem normalen Pritschenwagen umgerüstet werden konnte.

Mit Hilfe einer aufsteckbaren Halterung konnte der Unimog auch zur behelfsmäßigen Beförderung von Verletzten oder Kranken herangezogen werden.

den-Buoch), an der auch der württembergische Landwirtschaftsminister Stooss teilnahm und sich von der Leistungsfähigkeit des UNIMOG überzeugen konnte.

Die Mitglieder des Kuratoriums für Technik in der Landwirtschaft (KTL), die Herren von Waechter, Prof. Meyer und Prof. Preuschen, bekamen am 11. April 1947 die Möglichkeit, das neue Fahrzeug zu begutachten. Vier Tage später fand eine gleichartige Demonstration auf dem Bergheimer Hof bei Stuttgart statt, an der mehr als 200 Landwirte teilnahmen.

Mit der Fertigstellung des ersten Anbaugerätes, einem Mähwerk, im Juni 1947 überschritt der UNIMOG die Grenze vom Zugfahrzeug für landwirtschaftliche Geräte zum vollwertigen Arbeitsgerät. Einem größeren Fachpublikum konnte der nunmehr komplette UNIMOG im Rahmen einer Tagung des KTL gezeigt werden. An diesem Kongreß im September 1947 nahmen über 2 000 Professoren, Landwirtschaftsräte, Angehörige verschiedener Behörden und Bauern teil. Insbesondere Prof. Brenner (Weihenstephan) zeigte sich sehr begeistert.

Der Erfolg bei dieser Veranstaltung ließ nun auch die Serienfertigung in greifbare Nähe rücken. Da die Serienproduktion bei Erhard & Söhne wegen fehlender Räumlichkeiten nicht möglich war, führte Albert Friedrich schon Anfang 1947 Gespräche mit der Firma Boehringer, die im Frühjahr mit der Zustimmung zur Produktionsübernahme endeten.

Der Umzug nach Göppingen begann im Oktober 1947 und war im

Als mobile Werkstatt dient der Unimog-Gerätewagen mit heckseitiger Seilwinde (35 kN) und Werkzeuganhänger.

Für technische Hilfeleistungen aller Art wurde im Werk Gaggenau dieser Unimog U25 mit kastenförmigem Kofferaufbau benutzt. Der zapfwellenangetriebene 3-kVA-Generator lieferte die elektrische Energie für die abgebildeten Elektrowerkzeuge.

Februar 1948 abgeschlossen. Für die Versuchsabteilung und die spätere Montage der Serienfahrzeuge stand eine große umgebaute Halle bereit. Die Fabrikation wichtiger Teile erfolgte weiter bei Erhard & Söhne und in den Werkstätten von Boehringer. Der erste bei Boehringer hergestellte UNIMOG konnte bereits am 23. Oktober 1947 zu einer Probefahrt aufbrechen.

Inzwischen hatte Daimler-Benz den Dieselmotor entwickelt und 100 Aggregate für den UNIMOG zugesagt, so daß der beginn der Serienproduktion absehbar war. Im August 1948, zu dieser Zeit existierten bereits 5 Vorserienfahrzeuge, erschien der UNIMOG erstmals auf der Ausstellung der Deutschen Landwirtschafts-Gesellschaft in Frankfurt, wo ihm großes Interesse entgegengebracht wurde und es sogar zu ersten Auftragserteilungen kam.

Diese erfreulichen Aussichten und die durchgeführte Währungsreform festigten die wirtschaftliche Lage der „Unimog-Entwicklungsgesellschaft“, die am 1. Dezember 1948 endlich auch ihre vertragliche Festlegung erfuhr. Vertragspartner waren die Herren Rolf Boehringer und Franz Catta aus Göppingen, die Herren Köhler und Erhard aus Schwäbisch-Gmünd und Albert Friedrich als geschäftsführender Gesellschafter.

Ab März 1949 lieferte die Firma Gebr. Boehringer die ersten serienmäßig hergestellten Universal-Motor-Geräte aus. Es handelte sich um die sogenannte Nullserie von 100 Wagen, für die Daimler-Benz die neuen Dieselmotoren zugesagt hatte. Albert Friedrich vermerkt in seinem Bericht

Unimog U25 als Gerätewagen.

Unimog U 30 der Stadt Belem (Brasilien) mit zapfwellenangetriebener Metz-Aufsteckpumpe FP 8/8.

über die UNIMOG-Entwicklung die vielfältige Nutzung eines UNIMOG durch den ersten Käufer: „Der erste Kunde war der Bürgermeister der Ortschaft Bürg bei Backnang, der damit außer seinen landwirtschaftlichen Arbeiten, seinen Wald, seine Weinberge, seine Obstgärten bewirtschaften konnte und das Obst dann nach Stuttgart auf den Markt brachte. Auch die Milchfuhre für die Gemeinde Bürg hat er übernommen und somit war dieser erste Kunde ein besonders richtungsweisender Fall für die Zukunft des Fahrzeuges überhaupt."

Hans Zabel, seit Anbeginn zuständig für alle Fragen des Einkaufs, wurde mit dem Aufbau einer Verkaufsabteilung mit den dazugehörigen Vertretungen betraut. Der Auftragsbestand wuchs gegen Ende 1949 ständig und die Zahl der monatlich produzierten Universal-Motor-Geräte erhöhte sich langsam auf 30 Stück.

Im Spätsommer 1950 fragte Dr. Haspel von Daimler-Benz bei der UNIMOG-Entwicklungsgesellschaft an, ob Daimler-Benz den UNIMOG nicht übernehmen könne. Die schriftliche Anfrage ist auf den 5. September 1950 datiert. Da sich die Produktion bei Boehringer ohne einen sehr großen Kapitaleinsatz nicht erweitern ließ, führten die Verhandlungen am 27. Oktober 1950 zum Vertrag über die Verlegung der Fertigung in das Werk Gaggenau.

Die Daimler-Benz AG erwarb nicht nur die sechs Patente und die Fertigungseinrichtungen, sondern übernahm auch das gesamte Personal der Konstruktions-, Versuchs- und Verkaufsabteilung sowie die zwischenzeitlich eingerichteten Vertretungen. Der Umzug nach Gaggenau war im Februar 1951 abgeschlossen. Bis zu diesem Zeitpunkt hatte die Firma Gebr. Boehringer etwa 600 Fahrzeuge hergestellt. Der erste serienmäßig in Gaggenau montierte UNIMOG rollte am 3. Juni 1951 aus der Halle. Sein Markenzeichen blieb vorerst noch der Zugkraft symbolisierende Ochsenkopf.

Die Firma Schmidt, bekannt für ihre Schneeräumgeräte, fertigt auch An- und Aufbauaggregate für andere kommunale Aufgaben. Der abgebildete Unimog U 30 mit Wassertank und Anbaupumpe gehört zu den Straßenreinigungsfahrzeugen, konnte aber auch zur Brandbekämpfung eingesetzt werden.

Ab dem Jahr 1957 lieferte Daimler-Benz den Unimog U30 mit einem größeren Ganzstahlfahrerhaus. Bis zur Produktionseinstellung des Baumusters 411 (U30/ U32/ U34) im Jahr 1974 blieb es unverändert. Bei der FF Helgoland diente der abgebildete Unimog als Zugfahrzeug für verschiedene Anhänger.

Der Mercedes-Benz Unimog U 25 und seine Nachfolger.

Albert Friedrich und seine Mitarbeiter hatten mit dem UNIMOG ein Gerät geschaffen, das sich nicht in den Rahmen der bislang verwendeten landwirtschaftlichen Fahrzeuge einordnen ließ. Es war weder Ackerschlepper noch Lkw und ebensowenig ein selbstfahrendes Arbeitsgerät, und doch konnte er all diese Funktionen übernehmen.

Das Fortschrittliche an Albert Friedrichs Entwicklung war die Kombination von konstruktiven Elementen aus verschiedenen Bereichen des Fahrzeugbaues. Das Rückgrat des Chassis bildet ein Leiterrahmen, wie er bei Personen- und Lastwagen Verwendung findet, bestehend aus zwei geraden U-Profil-Längsträgern und Traversen. Daran befestigt sind die Federböcke und die Konsolen für die Montage der Aggregate. Motor, Getriebe und Fahrerhaus sind 3-Punktgelagert und somit weitgehend spannungsfrei aufgebaut.

Der Motor, über der Vorderachse angeordnet und mit dem Getriebe zu einer baulichen Einheit zusammengefaßt, sorgt durch sein Eigengewicht maßgeblich für die bei Leerfahrt gewünschte Achslastverteilung von 2:1 zwischen Vorder- und Hinterachse. Dadurch wird das Aufbäumen des Fahrzeuges beim Ziehen schwerer Anhängelasten verhindert.

Unimog U30 mit dem seit 1953 gebauten Ganzstahlfahrerhaus als Lkw der BF Innsbruck.

Das Getriebe mit seinen 6 Vorwärts- und 2 Rückwärtsgängen, sowie das auf Wunsch lieferbare Zusatzgetriebe mit 2 Kriechgängen, verleiht dem UNIMOG U 25 seinen für ein landwirtschaftliches Fahrzeug ungewöhnlichen Fahrgeschwindigkeitsbereich von 300 m/h bis zu 52 km/h.

Die vom Getriebe zu den Achsen führenden Kardanwellen liegen in sogenannten Schubrohren und sind daher vor äußeren Einwirkungen geschützt. Die Achsen sind als Portalachsen ausgeführt, wobei die Achsmitte über der Radmitte liegt und damit die Bodenfreiheit unter dem Differential vergrößert.

Im Gelände demonstrierte der Unimog seine enormen Fahrleistungen stets aufs neue. Der niedrige Schwerpunkt ließ auch extreme Seitenneigungen zu.

Die Höhendifferenz entsteht durch ein Stirnradvorgelege am Achsende, so daß das volle Drehmoment erst am Laufrad wirksam wird. Vier gleichgroße Räder mit Niederdruckbereifung übertragen die Vortriebskraft auf den Boden. Zu der bei Straßenfahrt angetriebenen Hinterachse läßt sich jederzeit der Vorderachsantrieb zu-und abschalten. Das gleiche gilt für die Differentialsperren in Vorder- und Hinterachse. Der Geländegängigkeit und dem Fahrkomfort zugute kommt die Federung des Unimog durch Schraubenfedern und Teleskopstoßdämpfern an jedem Rad. Die langen Federwege und der verwindungsfähige Rahmen ermöglichen das Befahren schwierigster Geländeformationen.

Das Ganzstahlfahrerhaus mit seinen gefederten und gepolsterten Sitzen ist aus glatten Blechen zusammengesetzt und somit leicht zu reparieren. An das Fahrerhaus schließt sich direkt eine Hilfsladefläche an. Sie dient der behelfsmäßigen Personenbeförderung bzw. dem Transport von Gütern bis zu einem Gewicht von rund 1 000 kg.

Nach der Übernahme des Unimog plante die Daimler-Benz AG die Herstellung von 300 Fahrzeugen pro Monat bei gleichzeitiger Senkung der Produktionskosten. Wurde anfangs noch aus Gründen der ständigen Marktpräsenz mit den alten Maschinen gearbeitet, so begann im Jahr 1952 die kostengünstigere Großserienfertigung mit neuen Werkzeugen und Verfahren.

Inzwischen hatte die Deutsche Landwirtschafts-Gesellschaft (DLG) im September 1951, nach Befragung zahlreicher Landwirte und eigenen Prüfungen, den Unimog mit ihrer höchsten Auszeichnung, der silbernen Preismünze, bedacht. Dieses Qualitätsprädikat förderte natürlich die Verkaufschancen und jedes Neufahrzeug trug danach eine Nachbildung dieser Medaille werbewirksam am Fahrerhaus.

Wollte man bei Daimler-Benz zunächst noch eine Unimog-Gesellschaft einrichten, so nahm man doch schon kurze Zeit später davon Abstand und integrierte den Unimog-Bereich in das bestehende Unternehmen. Als äußeres Zeichen der Eingliederung erhielten die Fahrzeuge seit dem 31. Mai 1953 (im Rahmen der DLG-Ausstellung in Köln) den Mercedes-Stern am Kühlergrill. Im selben Jahr liefen die ersten Unimog mit einem geschlossenen Ganzstahlfahrerhaus vom Band.

Eine weitere Plakette in Form einer stilisierten Eichel konnte ab dem 1. April 1954 die Karosserie zieren. Die vom Forsttechnischen Prüfungsausschuß verliehene Auszeichnung bescheinigte dem Unimog sein außergewöhnliches Leistungsvermögen in der Forstwirtschaft.

Als letztes Relikt der Anfangsjahre bei Boehringer verschwand im September 1956 der Ochsenkopf von der Motorhaube. An seine Stelle trat die Mercedes-Plakette. Mit dem Wegfall des Ochsenkopfes ging, zehn Jahre nach Fertigstellung des ersten Universal-Motor-Gerätes, die Ära des U 25 zu Ende.

Nahtlos folgte ihm eine verbesserte Version mit der Baumusterbezeichnung 411. Dem allgemeinen Wunsch vieler Automobilkäufer nach höheren Motorleistungen folgend, bekam dieser Unimog ein 30 PS leistendes Antriebsaggregat. Ein Jahr nach Anlaufen der Produktion stand auch ein neues geschlossenes Fahrerhaus zur Verfügung. Bis dahin wurde noch die Kabine des U 25 verwendet.

„Das neue geschlossene Fahrerhaus bietet ein Drittel mehr Raum als bisher. Fahrer und Beifahrer haben nach allen Seiten gute Bewegungsfreiheit. Die verbreiterte Tür, die neue Trittstufe in richtiger Höhe und zwei Handgriffe auf jeder Seite machen das Einsteigen bequem. Die ungeteilte, gewölbte um 12 % größere Frontscheibe bietet vorzügliche Übersicht."

Die Motorleistung des Baumusters 411 wurde 1959 auf 32 PS und 1966 auf 34 PS gesteigert. Ohne einen direkten Nachfolger zu haben, verließ im Jahr 1974 der letzte Unimog U 34/411 das Werk Gaggenau.

Unimog-Prospekt aus dem Jahre 1952.

Mit wenigen Handgriffen konnte die Metz-Pumpe an der vorderen Zapfwelle arretiert werden. Abgebildet ist hier bereits ein Unimog S (BM 404 B, Radstand 2 900 mm). Das Baumuster 404 B unterscheidet sich vom Modell 404, abgesehen vom Radstand, durch die nun seitlich über den Frontscheinwerfern liegenden Blinkleuchten.

Der Unimog S

Schon sehr früh befaßte man sich bei Daimler-Benz mit dem Bau eines leichten geländegängigen Lastkraftwagens mit den Konstruktionsmerkmalen des UNIMOG. Neben einer natürlich höher anzusetzenden Nutzlast sollte auch die erreichbare Höchstgeschwindigkeit wesentlich über der des UNIMOG U 25 liegen. Bei Beginn der Entwicklung – im Sommer 1952 – wurde darum eine Zuladung von 1,5 t bis 2 t vorausgesetzt.

Das neue Fahrzeug wurde auch sehr stark durch äußere Einflüsse und Vorbedingungen geprägt. Die fünfziger Jahre standen ganz im Zeichen des „Kalten Krieges" zwischen Ost und West. Der Koreakrieg (21.7.1951 – 27.7.1953) brachte zudem die Bestrebungen zur Remilitarisierung Westdeutschlands im Rahmen einer westlichen Verteidigungsallianz voran.

Eine Dienststelle beim Bundeskanzleramt unter dem Bundestagsabgeordneten Dr. Theodor Blank begann 1952 mit den Vorbereitungen zum Aufbau der Bundeswehr. Der Einfluß der Amerikaner auf das „Amt Blank" war natürlich groß und da bei den US-Streitkräften der Benzinmotor selbst bei schweren Fahrzeugen dominierte, kam auch für die leichten deutschen Militärfahrzeuge nur eine Vergasermaschine in Frage.

Bei Demonstrationsfahrten vor Militärs beeindruckte schon der normale UNIMOG U 25 durch seine enorme Geländegängigkeit, so daß z. B. die französische Armee 400 Wagen ankaufte.

Basierend auf den Erfahrungen mit der bislang produzierten UNIMOG-Zugmaschine führten die Arbeiten relativ schnell zum Bau der ersten Prototypen, bei denen viele Bauteile übernommen werden konnten. Die Versuchsfahrzeuge wurden einer umfangreichen Erprobung unterzogen und dabei laufend verbessert.

Allein mit werkseigenen Fahrzeugen legte man 45 000 km in schwierigstem Gelände zurück.

Die Einsatzfähigkeit bei unterschiedlichsten klimatischen Bedingungen stellten die Ingenieure nach Testläufen in Wärme- und Kältekammern mit den daraus resultierenden konstruktiven Änderungen sicher. Praktische Fahrversuche in der Sahara brachten weitere wertvolle Erkenntnisse.

Darüber hinaus erprobten Militärdienststellen zahlreicher Länder den UNIMOG-Gelände-Lkw. Zu nennen sind hier Frankreich, England, Indien und die Schweiz.

Insbesondere die französischen Versuche hatten es in sich: Die letzte von der französischen Armee im Frühjahr 1962 durchgeführte harte Vergleichserprobung des UNIMOG S in Carpiane und in Satory umfaßte eine gemischte Fahrstrecke von rund 10 000 km. Nach Schätzung der französischen Erprobungsstelle sind bezüglich der Beanspruchung 100 Stunden Fahrerprobung in Carpiane rund 30 000 km Saharafahrt gleichzusetzen. Die Erprobung in Satory enthielt u. a. auch eine Schlammfahrt über 300 km.

Die ersten Versuchsfahrzeuge ähnelten, obwohl schon deutlich größer in den Abmessungen, noch sehr dem UNIMOG U 25. Der Radstand war mit 2 350 mm noch relativ kurz gehalten. Erst mit dem Beginn der Serienproduktion im Mai 1955 erhielt der UNIMOG S sein markantes Fahrerhaus und seinen Radstand von 2 670 mm. Ein Teil der Serien-Fahrzeuge wurde sogar mit einer überarbeiteten Version der kantigen Kabine der Prototypen ausgestattet. Die Baumusterbezeichnung des UNIMOG S lautete 404.

Ab dem Jahr 1956 lieferte Daimler-Benz den UNIMOG S unter der Bau-

Bereits vor Beginn der Serienfertigung des Unimog S wurden Feuerlöschfahrzeuge auf der Basis von Vorserienwagen hergestellt. Die Firma Total lieferte einige Pulverlöschfahrzeuge TroLF 750 auf solchen Chassis. Der Radstand dieser frühen S-Modelle betrug 2 350 mm.

Gerätewagen einer militärischen Flughafenfeuerwehr auf Unimog S (Radstand 2 350 mm). Das Fahrerhaus weist bereits ein moderneres Design auf. Der Antrieb der mechanischen Vorbauseilwinde erfolgte über eine Kette durch die vordere Zapfwelle. Den sicheren Stand des Fahrzeuges sicherte beim Windenbetrieb die auf dem Gerätekoffer mitgeführte Unterlegkeilvorrichtung. Zur feuerwehrtechnischen Beladung zählten Schneid-und Brechwerkzeug sowie ein Autogenschneidgerät.

musterbezeichnung 404 B mit einer geringfügig geänderten Motorhaube und einem Radstand von 2 900 mm aus. Bis zum Auslaufen der Fertigung im Jahre 1980 bleib der UNIMOG S weitgehend unverändert.

Seine außergewöhnliche Geländegängigkeit verdankt der S-Typ der bewährten Unimog-Konzeption. Der Fahrwerksrahmen, bestehend aus zwei gekröpften U-Profillängsträgern und Traversen, ist extrem verwindungsfähig und kann daher ohne Bruchgefahr den Geländeunebenheiten nachgeben. Schraubenfedern sorgen allerdings durch lange Federwege für eine möglichst geringe Rahmenbeanspruchung, selbst bei großen Achsverschränkungen.

Mannschafts- und Behelfskrankentransportwagen auf Unimog S (BM 404, Radstand 2 670 mm). Fahrerhaus-und Motorraumkarosserie weisen nun schon das bekannte Erscheinungsbild der S-Modelle auf.

Niederdruckreifen mit ausgezeichneter Bodenhaftung und kräftige Stoßdämpfer machen die Fahrten auf Straßen und im rauhen Gelände einigermaßen erträglich. Motor- und Getriebeblock bilden eine verschraubte Einheit und sind mit dem Fahrwerksrahmen über Gummilager, die schädliche Schwingungen mildern, verbunden. Die vom Getriebe abgehenden Kardanwellen liegen geschützt in Schubrohren. Gleiches gilt für die Antriebswellen im Achskörper. Aufgrund der Portalachsbauweise mit Stirnradvorgelege erreicht die Bodenfreiheit stolze 400 mm.

Mit voller Zuladung meistert der Unimog S anstandslos Steigungen bis zu 70 Prozent. Das Fahrzeug kann dabei am Hang anhalten – die hydraulische Vierrad-Fußbremse und die Hinterrad-Handbremse sichern den Wagen in jeder Lage – und auch wieder anfahren. Im beladenen Zustand sind Vorder- und Hinterachse annähernd gleich belastet. Die gesamte Antriebskraft gelangt bei Zuschaltung des Vorderachsantriebes und der Differentialsperren verlustfrei an die Räder. Fahrten am Hang abwärts werden im 1. oder 2. Gang durchgeführt. Durch Umlegen des Rückfahrhebels kann dies vorwärts oder rückwärts geschehen.

Aufgrund der günstigen Anordnung des Motor-Getriebeblocks ergibt sich ein niedriger Schwerpunkt und ermöglicht das Fahren quer zum Hang bis zum Erreichen des Kippwinkels von 42°. Allradantrieb und Differentialsperren lassen sich ohne zu kuppeln jederzeit während der Fahrt zuschalten.

Geländestufen und niedrige Mauern bis zu einer Höhe von 40 Zentimetern werden überwunden, indem die Vorderräder am Hindernis emporklettern, während die Hinterräder gleichzeitig den Wagen nach vorn schieben. Der Unimog S bewältigt solche Erhebungen sowohl bei frontalem als auch bei schrägem Anfahren.

Einsatzfahrzeug für eine finnische Feuerwehr auf Unimog S (BM 404, Radstand 2 670 mm). Der von Metz gefertigte Kofferaufbau enthält auch einen Mannschaftsraum für vier Feuerwehrmänner.

Pulverlöschfahrzeug TroLF 750 auf Unimog S (BM 404, Radstand 2 670 mm). Das von Total gelieferte Fahrzeug war auf dem Flughafen Bremen stationiert.

Krankentransportwagen mit vier Tragenlagerungen auf Unimog S (BM 404, Radstand 2 670 mm).

Pulverlöschfahrzeug TroLF 750 auf Unimog S (BM 404 B). Total rüstete dieses Fahrzeug 1963 für die BF Stuttgart aus. ▽

Pikettfahrzeug der Feuerwehr Weinfelden auf Unimog S (BM 404 B). Die Schweizer Aufbaufirma Gebr. Tüscher fertigte dieses Fahrzeug im Jahre 1958 in Integralbauweise, d. h. Fahrerhaus, Mannschaftsraum und Gerätekoffer bilden eine bauliche Einheit. ▷

Schaumtanklöschfahrzeug auf Unimog S (BM 404 B). Außergewöhnlich ist bei diesem von Total konstruierten Fahrzeug die offene Bauweise. Tank, Schlauchfächer und Feuerlöscher wurden frei zugänglich angeordnet. Am Heck befinden sich neben dem Pumpenraum zwei offene Sitzplätze. Über der vorderen Stoßstange brachte Total vier Sprühdüsen für den Fahrzeugselbstschutz bei Bodenfeuern an. An Löschmitteln wurden ca. 1000 l Wasser und 100 l Schaumkonzentrat mitgeführt.

△ *Rosenbauer lieferte diesen Gerätewagen mit Pulverlöschanlage PLA 250 auf Unimog S (BM 404 B) an die Flughafenfeuerwehr von Kuwait City.*

Tanklöschfahrzeug TLF 1200 von Rosenbauer auf Unimog S (BM 404 B). △

Pulverlöschfahrzeug TroLF 750 auf Unimog S (BM 404 B). Die BF Wiesbaden baute die Pulverlöschanlage PLA 750 aus einem TroTLF 16 in der eigenen Werkstatt auf ein ehemaliges TLF 8 auf. Dafür mußte der vordere Teil des Einheitskofferaufbaues entfernt werden. ▷

Die BF Offenbach besaß eine kleine Unimog-Flotte für besondere Aufgaben. Außer einem TroLF 750 und einem Krankentransportwagen verfügte man über einen Schaumtankwagen (in Bildmitte) und einen Pritschenwagen mit abnehmbarem Container.

Pulverlöschfahrzeug TroLF 500 Ha 50 auf Unimog S (BM 404.0) für die kanadischen Streitkräfte in Deutschland. Aufbau Total. ◁

△ *Die Bergwacht in der Hohen Tatra/Tschechoslowakei verfügte ebenfalls schon sehr früh über einen Unimog S mit Einheitskofferaufbau als Einsatzfahrzeug.*

◁ *Krankentransportwagen mit vier Tragen auf Unimog S (BM 404.0) für den Flughafen Tozeur-Nefta/Tunesien.*

Ab 1972 lieferte Daimler-Benz den Unimog S auf Wunsch mit der geräumigeren Kabine des Baumusters 416. Die Baumusterbezeichnung für dieses Modell lautet 404.0. Die Fahrzeuge mit dem alten Fahrerhaus trugen ab 1972 die Benennung 404.1. Das neue Modell, insbesondere die Version mit 110-PS-Benzinmotor (U 110/404.0), wurde bei Feuerwehren vermehrt eingesetzt. Die Firma Total baute so auch das abgebildete TroLF 750.

Bedingt durch die langen Federwege behalten alle Räder in den meisten Geländeformationen Bodenkontakt zur Übertragung der Vortriebskraft. Und sollte widrigsten Falles nur noch ein Rad tragfähigen Untergrund berühren, so ist das weitere Vorankommen mit Hilfe des Vierradantriebes und der Differentialsperren garantiert, da ein greifendes Rad für den Vortrieb genügt. Besonders nützlich ist dies bei der Durchquerung von Schlamm, Sand, losem Geröll und Trümmerschutt. Gewässer bis zu 80 cm Tiefe bilden ebenfalls kein Hindernis.

Mit einer Bauchfreiheit von 410 mm ist auch die Gefahr des Aufsetzens auf überrollte Hindernisse, wie Baumstämme, Mauern und Bahndämme, gering.

Der zweiköpfigen Besatzung steht entweder eine offene Kabine mit Planenverdeck oder ein geschlossenes Ganzstahlfahrerhaus zur Verfügung.

Zwischen den Sitzen befindet sich die wuchtige Motorabdeckung und die Schalthebelkonsole.

Ganz im Gegensatz zu den ausgezeichneten Fahrleistungen standen die dargebotenen Errungenschaften hinsichtlich Fahrkomfort und körpergerechter Innenraumgestaltung. Ab 1972 lieferte Daimler-Benz darum den Unimog S als Baumuster 404.0 mit der geräumigeren und bequemeren Kabine der Baureihen 406 und 416 aus. Außer der Version U 82/404.0 mit der bekannten 82 PS-Maschine gab es mit dem U 110/404.0 ein stärkeres Modell. Der 110-PS-Benzinmotor beschleunigt den beladenen und ausgerüsteten Unimog in 35 Sekunden von 0 auf 100 km/h. Die erreichbare Höchstgeschwindigkeit liegt bei 110 km/h.

Bei diesen Spitzenwerten ist es nicht verwunderlich, daß noch heute zahlreiche U 110/404.0 als Pulverlösch- oder Twin-Agent-Fahrzeuge auf Flughäfen im Dienst stehen.

Geliefert wurden die Unimog-Fahrwerke mit dem normalen zweisitzigen Fahrerhaus in offener oder geschlossener Bauweise. Für die Montage von Spezialkarosserien konnte der S-Typ ohne Fahrerhaus oder nur mit Frontpartie und Tür bestellt werden.

Schon die ersten serienmäßigen Unimog S konnten mit einer abnehmbaren Metz-Kreiselpumpe FP 6/8 ausgestattet werden.

Löschgruppenfahrzeug auf Unimog S mit Metz-Aufbau für die FF Unterammergau.

DAS BAUMUSTER 416

Als sich die Kundenwünsche nach einer leistungsfähigeren Zugmaschine häuften, begannen die Konstrukteure in Gaggenau mit den Entwicklungsarbeiten für ein bedarfsgerechtes Fahrzeug. Der Unimog S kam als Gelände-Lkw nicht in Frage und die Versuche mit einem aufgewerteten leichten Unimog, ausgestattet mit einem stärkeren Triebwerk und verlängertem Radstand, befriedigten nicht in gewünschtem Maße.

Mit bewährter Technik entwickelten die Ingenieure nach bekanntem Unimog-Schema unter Einfügung neuer Komponenten das Modell U 65. Das unter seiner Baumusterbezeichnung 406 eingeführte Fahrzeug lief ab Mai 1963 vom Band und war mit einem 65 PS starken Lastwagenmotor ausgestattet.

Erstmals stand mit dem U 65 ab Produktionsbeginn ein Ackerschlepper mit vollsynchronisiertem Getriebe zur Verfügung. Der leichte Unimog

Aus den Rüstwagen mit Pritschenaufbau des Landesfeuerwehrverbandes Salzburg entstanden nach und nach Rüstfahrzeuge mit Geräteaufbauten. Die Umrüstung führte die Firma Seitwald durch.

Pulverlöschfahrzeug TroLF 250 auf Unimog U 900. Aufbau Minimax, Werkfeuerwehr Flachglas AG. Zusätzlich zur Pulverlöschanlage führt das Fahrzeug 6 Preßluftatmer, Armaturen und Schlauchmaterial mit.

411 erhielt ein solches Getriebe erst im Laufe der Serienproduktion als Sonderausstattung ab 1957 und serienmäßig ab 1959.

Vollkommen neu gestaltet war das zweisitzige Fahrerhaus. Das kantige Design der frühen Unimog wich einer gefälligeren Karosserie. Die Fahrgastzelle entsprach in Größe und Innenraumgestaltung den gestiegenen Anforderungen an den Fahrkomfort.

Obwohl der U 65/406 mit seinem relativ kurzen Radstand von 2 380 mm eigentlich kein ideales Chassis für Feuerwehrfahrzeuge darstellte, fand er trotzdem recht zahlreich Verwendung als Waldbrandbekämpfungswagen in Frankreich. Daneben existieren noch einige Pulverlösch- und Eigenbaufahrzeuge auf der Basis des Modells 406.

Zwei Jahre nach Beginn der Serienfertigung des U 65 folgte im Juli 1965 die Baureihe 416. Der neue Unimog trug die Verkaufsbezeichnung U 80 und war im Prinzip eine verlängerte Version der Zugmaschine U 65/406.

Mittleres Waldbrandtanklöschfahrzeug CCMF auf Unimog U 84/406 mit Aufbau von Sides.

Pulverlöschfahrzeug TroLF 500 (Aufbau Total) auf Unimog U 70 (BM 406).

Waldbrandtanklöschfahrzeug WTLF 1300 auf Unimog U 84/406. Aufbau Camiva, Tankinhalt 1300 l Wasser, Französische Forstverwaltung Korsika.

Waldbrandtanklöschfahrzeug WTLF des Phoenix Fire Departments/Arizona auf Unimog U 84/406. Aufbau Western/Phoenix, Tankinhalt 200 gal. (757 l), Pumpenleistung 60 gpm (225 l/min.), Baujahr 1975.

Pulverlöschfahrzeug TroLF 500 auf Unimog-Modell 406, Aufbau Total, Standort Flughafen Groningen-Eelde.

In eigener Regie baute die Feuerwehr von Derbyshire (Derbyshire Fire Service) im Jahr 1974 ein Tanklöschfahrzeug mit Vorbaupumpe (BM 416).

Mit der Einführung des Gelände-Lastwagens U 125 / 416 stand den Feuerwehren ab 1969 ein leistungsfähiges Fahrwerk für die verschiedenartigsten Aufbauten zur Verfügung. Rosenbauer nutzte das neue Fahrgestell für den Bau von Tanklöschfahrzeugen vom Typ TLF 1300.

Die Mannschaftskabine – anfangs mit erhöhtem Dach – bot Platz für insgesamt 5 Besatzungsmitglieder.

Der Radstand wuchs um 520 mm auf 2900 mm und ließ damit den Transport oder die Montage größerer Aufbaugeräte zu. Gleichfalls möglich wurde der Einsatz als Sattelzugmaschine oder als Pritschenwagen mit einer Ladefläche von 1950 x 1890 mm. Als Antriebsaggregat verwendete man nun den 6-Zylinder-Dieselmotor mit Direkteinspritzung vom Typ OM 352 mit einer maximalen Leistung von 126 PS bei 2800 U/min. Zum Einbau beim U 80/416 gelangte allerdings die auf 80 PS gedrosselte Version.

Die Firma Miesen lieferte auf der Basis des Baumusters 416 Labor- und Landarztwagen nach Afrika.

TLF 8 auf Mercedes Benz Unimog U 125/416.

Schlauchwagen SW 1000 auf Unimog U 600 L (BM 421).

Im österreichischen Bundesland Salzburg wurden früher Rüstwagen auf der Basis von Unimog-Pritschenwagen eingesetzt. Unter der Ladefläche war eine Seilwinde der Firma Werner installiert. Der Seilauszug war nur heckseitig möglich. Beim Windeneinsatz sicherte die hydraulisch arbeitende Bergstütze das Fahrzeug. Die Nennzugleistung betrug 50 kN. Auf der Pritsche lagerte die feuerwehrtechnische Ausrüstung in besonderen Ablagefächern. Zwischenzeitlich haben die Rüstwagen einen geschlossenen Gerätekofferaufbau erhalten.

Die Zugmaschinenfahrgestelle zeichnen sich durch die kurzen Rahmenüberhänge am Heck aus. Das TroLF 750 der Feuerwehr Lüdenscheid verfügt über eine zusätzliche Rahmenseilwinde für heckseitigen Seilzug und eine Bergstütze.

Pulverlöschfahrzeug TroLF 750 auf der Basis der Zugmaschinenbaureihe 416.

Rüstwagen der Benoni Fire Brigade (Südafrika) auf Unimog U 125/416. Aufbau Craftmen's Coach, hydraulisch angetriebener 3,5-kVA-Generator, Heckkran Scorpion (6 mt), Werner Vorbauseilwinde 60 kN, Stemlite und Rettungsgeräte.

Rüstfahrzeug für Libyen auf Unimog U 1100 L (BM 416).
▽

Ab 1969 gab es das Baumuster 416 mit den Radständen 2 900 mm und 3400 mm auch in der Ausführung als Geländelastkraftwagen mit entsprechend längerem Rahmen, so daß Pritschen und Aufbauten mit einer Grundfläche von 3 000 (3 600) x 2 000 mm montiert werden konnten.

Gleichzeitig erhöhte man die Motorleistung bei Zugmaschinen und Lkw von 80 auf 90 PS. Als Fahrwerk für Feuerwehrfahrzeuge kam der U 125/416 auf den Markt. Der Motor entfaltete hier mit 125 PS sein volles Leistungsvermögen.

Im Dezember 1976 änderte Daimler-Benz die Verkaufsbezeichnungen für alle Unimog-Baumuster. Unter dem Kürzel U 1 100 L wurden alle Gelände-Lkw, einschließlich der PS-starken Feuerwehrversion U 125/416, zusammengefaßt. Anstatt dem zweisitzigen Normalfahrerhaus konnte auch eine viertürige Mannschaftskabine für 5 Besatzungsmitglieder ab Werk bezogen werden.

In der zweiten Hälfte der achtziger Jahre war für alle Unimog-Baumuster eine Modernisierung angesagt. Deutlich sichtbare Veränderungen betrafen vor allem die Fahrerhäuser der leichten und mittleren Baureihe. Während der untere Bereich der Karosserie, einschließlich der Motorhaube, noch das seit über 20 Jahren bekannte Profil aufwies, bekam der obere Teil der Fahrgastzelle ein vollkommen neues Aussehen. Die nunmehr fast rechteckige Fensterpartie mit der um circa 25% vergrößerten Windschutzscheibe bietet neben der besseren Sicht auch mehr Innenraumvolumen.

Neuste Erkenntnisse über den körpergerechten Arbeitsplatz flossen in die Planung und Ausführung der Kabine ein. Die übersichtliche Anordnung der Instrumente des Armaturenbrettes und die gute Erreichbarkeit aller Schaltorgane spielen eine große Rolle während des oft mehrstündigen Aufenthaltes im Fahrerhaus.

Als Antriebsaggregate fungieren die Motortypen OM 616 bei der ab 1987 lieferbaren neuen leichten Baureihe 407 und OM 352 im neuen Baumuster 417, der ab 1988 den Typ 416 ersetzte.

Neu hingegen ist bei beiden Modellreihen das vollsynchronisierte 8-Gang-Getriebe UG 2/30. Bei diesem Getriebe stehen mit beiden Schaltgruppen, Zwischengängen, Kriech- und Schneckengängen insgesamt 22 Fahrstufen für Vorwärtsfahrt und 8 Retourgänge zur Verfügung.

Ab Werk nicht mehr geliefert werden Mannschafts- und Doppelkabinen, die somit von Aufbauherstellern oder Karosseriebauern erstellt werden müssen.

Waldbrandtanklöschfahrzeug für Norwegen auf Unimog U 1100 L (BM 416). Aufbau Rosenbauer.

Pulverlöschfahrzeug TroLF 750 auf Unimog U 1100 L der Hamburger Flughafenfeuerwehr. Aufbau Total.

DIE SCHWEREN UNIMOG

Die permanente Anpassung des Unimog-Programmes an die Erfordernisse des Marktes verlangte in den frühen siebziger Jahren die erneute Ergänzung der Typenskala um ein noch leistungsfähigeres Fahrzeug. Die Vertriebsabteilung hatte dazu aus den Gesprächen mit zahlreichen potentiellen Abnehmern die wichtigsten Eckdaten des neuen Baumusters ermittelt und in einem „Anforderungskatalog" zusammengefaßt. Die Motorleistung sollte bei den schweren Unimog um 100 PS und darüber liegen. Das Antriebsaggregat der mittleren Baureihe, der OM 352, kam dazu nur bedingt in Frage, da das Leistungsvermögen mit Erreichen der 125 PS-Grenze fast nicht mehr zu steigern war.

Mit der Einführung stärkerer Motoren in das Unimog-Programm sollten auch einige andere Komponenten erneuert werden, ohne allerdings das bewährte und erprobte Grundkonzept zu ändern. Die allgemeinverbindlichen Charakteristika des Ur-Unimog, als da wären

- Hinterachsantrieb mit jederzeit zuschaltbarem Vorderachsantrieb
- Jederzeit zuschaltbare Differentialsperren in Vorder- und Hinterachse
- Verwindungsfähiger Leiterrahmen
- Schraubengefederte Portalachsen
- Antriebswellen in Schubrohren
- Große Überhangwinkel vorn und hinten
- Großer Fahrgeschwindigkeitsbereich
- An- und Aufbaumöglichkeit für zahlreiche Geräte vor, auf und hinter dem Fahrzeug
- Nebenabtriebe und Zapfwellen für den Betrieb von Aufsetz- oder Aufbauaggregaten,

blieben unangetastet.

Die Entwicklungsarbeiten für die schwere Unimog-Baureihe begannen bereits im Jahr 1971. In der Definitionsphase klärten die Konstrukteure zunächst die Frage, welche Veränderungen gegenüber den bislang produzierten Unimogs notwendig waren und wie diese sich technisch umsetzen ließen. Großen Wert legte man auf die Kombinierbarkeit der einzelnen Bauteile, um möglichst viele Fahrzeugmodelle aus einheitlichen Komponenten zu fertigen. Es galt also ein Sortiment von baukastenartigen Elementen zu schaffen.

Das Ergebnis der mehrjährigen Arbeiten, den neuen Unimog U 120/425, präsentierte Daimler-Benz auf der DLG-Ausstellung 1974 in Frankfurt. Die Serienfertigung wurde aber erst im August 1975 aufgenommen. Zwei Monate später folgte das Modell U 150/425 mit dem stärkeren Antriebsaggregat OM 352 A. Im Herbst 1976 kam der U 100/424 auf den Markt. Seit Oktober 1975 baute man in Gaggenau einige wenige mit L 130 bezeichnete Geländelastkraftwagen. Ins Auge gefaßter Großabnehmer für den ab 1976 als Unimog U 1300 L bekannt gewordenen Wagen der Baureihe 435 war die Bundeswehr, die seit geraumer Zeit Ersatz für die Militärvehikel der Anfangsjahre suchte.

So beteiligte sich Daimler-Benz an der Ausschreibung über das Nachfolgemodell des legendären Unimog S mit dem U 1300 L als geländegängigem Pritschenwagen für 2 Tonnen Nutzlast, gegen ein dem Bundeswehr-Lastenheft gemäßes, aber vom Unimog technisch verschiedenes Konkurrenzmodell, und erhielt, nicht zuletzt wegen des außerordentlich niedrigen Kaufpreises bei besserer Ausstattung, den Auftrag zur Lieferung von rund 17 000 Fahrzeugen.

Mit dem Anlaufen der Produktion für die Bundeswehr im Jahre 1978 begann auch der Einzug der schweren Unimogs in die Sparte der Feuerlösch- und Hilfsfahrzeuge.

Wie bei sämtlichen Unimog-Bau-

Brändle-Tanklöschfahrzeug TLF 1400 auf Unimog U 1300 L, der allerdings für den Schweizer Bedarf mit einem leistungsstärkeren Motor ausgerüstet ist. Der im nunmehr als U 1550 L-F 4x4 bezeichneten Fahrwerk benutzte 6-Zylinder-Dieselmotor vom Typ OM 366 A mit Direkteinspritzung und Abgasturbolader entwickelt 129 kW (175 PS) bei 2 600 U/min. Tankinhalt 1 400 l Wasser, Heckpumpe von Godiva (2 800 l/min. bei 8 bar und 300 l/min. bei 40 bar), Schnellangriffseinrichtung 60 m Hochdruckschlauch, pneumatisch ausfahrbarer Lichtmast 2 x 1 500 W, Baujahr 1986, Feuerwehr Densbüren/Schweiz.

Bachert-Tanklöschfahrzeug TLF 8/18 auf Unimog U 1300 L.

Rosenbauer-Tanklöschfahrzeug TLF 1800 auf Unimog U1300L. Tankinhalt 1800 l Wasser.

Rosenbauer-Tanklöschfahrzeug TLF 1200 auf Unimog U 1300 L. Rosenbauer lieferte mehrere baugleiche Fahrzeuge an freiwillige Feuerwehren in Südtirol.

Rosenbauer-Löschfahrzeug mit Allradantrieb und Bergungsausrüstung (LFA-B) auf Unimog U 1300 L.

Ziegler-Löschgruppenfahrzeug LF 8 auf Unimog U 1300 L.

Montage des Unimog im Werk Gaggenau.

reihen ist auch beim Typ U 1300 L (435) der Leiterrahmen aus zwei U-Profil-Längsträgern mit eingeschweißten Rohrquerträgern konstruiert. Am Rahmenkörper befestigt sind Halterungen und Konsolen für Federn, Stoßdämpfer, Querlenker, Motor und im gekröpften mittleren Rahmenteilstück für den Getriebeblock.

Die elastische Bauweise läßt selbst bei starken diagonalen Verwindungen keine Deformationen zu. Motor, Getriebe, Fahrerhaus und die Aufbaubodengruppe sind jeweils 3-Punkt-gelagert, sodaß die nicht von Federung und Rahmen aufgenommene Spannung neutralisiert wird.

Einen großen Teil der Geländeunebenheiten gleicht die Unimog-Federung, bestehend aus zwei Schraubenfedern und Teleskopstoßdämpfern je Achse, aus. Die langen Federwege erlauben Achsverschränkungen bis zu 30° bei gleichzeitiger Bodenhaftung aller Räder. Gegenüber der Blattfederung gestattet die extrem platzsparende Bauweise der Schraubenfedern auch dementsprechend kurze Rahmenüberhänge.

Die Achsen, in klassischer Manier als Portalachsen mit Differentialsperren gefertigt, verleihen dem U 1300 L eine Bodenfreiheit von 440 mm. Je nach Achsübersetzung konnten Höchstgeschwindigkeiten von 70 bis 100 km/h erzielt werden. Geschützt vor äußeren Einwirkungen und Schmutz liegen die Antriebswellen zwischen Differential und Stirnradvorgelege in Schubrohren. Nach dem gleichen Prinzip ummantelt sind die Kardanwellen zwischen Achsen und Verteilergetriebe.

Von der bislang üblichen Verschmelzung von Motor und Getriebe zu einem kompakten Block wichen die Konstrukteure bei der schweren Baureihe aus mancherlei Gründen ab. Die aufgelöste Bauweise hält einerseits schädigende Motorschwingungen vom Getriebe fern und ließ andererseits die Montage eines geräumigeren Fahrerhauses zu. Als Antriebsmaschine kam der auf 130 PS Leistung gesteigerte 6-Zylinder-Dieselmotor mit Direkteinspritzung vom Typ OM 352 zum Einbau. Alternativ stand der Motortyp OM 352 A zur Verfügung. Dieses Aggregat entwickelt dank Abgasturbolader 168 PS.

Über eine Einscheibentrockenkupplung und eine Antriebswelle gelangt die Kraft zum Getriebe. Das Hauptgetriebe selbst ist ein vollsynchronisiertes 8-Gangschaltgetriebe, wobei alle Fahrstufen mittels Reversierschaltung (Wendegetriebe) vorwärts wie rückwärts gefahren werden können. Die Erweiterung auf 16 Gänge ist durch ein Nachschaltplanetensatzgetriebe möglich. Die erreichbaren Fahrgeschwindigkeiten liegen zwischen 2,5 km/h und 97 km/h.

Nebenabtriebe und Zapfwellen, teilweise während der Fahrt zuschalt-

Krankentransportwagen für vier liegende Patienten auf Unimog U 1300 L. Die Innenausstattung lieferte die Firma Binz.

Insbesondere für Schweizer Feuerwehren wurden schmale, kompakte Tanklöschfahrzeuge hergestellt. Die maximal 2 100 mm breiten Unimog-Zugmaschinen U 1000 und U 1200 bildeten daher die Grundlage für diese Wagen; allerdings wurde durch die Firma LARAG, Wil, der Radstand von 2 650 mm auf 3 250 mm verlängert. Den Tanklöschaufbau TLF 1300 produzierte die Firma Rosenbauer.

Brändle-Tanklöschfahrzeug TLF 1400 auf Unimog U 1000 (Radstand auf 3 250 mm verlängert) für die Feuerwehr Romoos.

bar, für den Antrieb von Feuerlöschkreiselpumpen, Generatoren, Seilwinden, Kompressoren und Hydraulikpumpen sind in verschiedenen Ausführungen und Leistungsstufen vorhanden.

Völlig neu war auch das Fahrerhaus der schweren Baureihe. Strengere Bestimmungen über die noch zulässigen Lärm- und Schwingungswerte für Fahrzeuginnenräume, sowie der Wunsch vieler Kunden nach mehr Komfort erforderte eine zeitgemäße Kabinengestaltung. Die Trennung von Motor und Getriebe kam diesen Ansprüchen schon sehr entgegen. Intensive Beratungen im Hause Daimler-Benz mündeten schließlich in dem Beschluß, die neue Kabine als Kurzhauberfahrerhaus zu bauen.

Die wuchtige Verkleidung von Motor-Getriebeblock zwischen Fahrer- und Beifahrersitz entfiel und ließ den Einbau einer Sitzbank für zwei Personen neben dem Fahrersitz zu.

Der Produktion von normgerechten Feuerwehrfahrzeugen mit Truppbesatzung (1+2) stand nun nichts mehr im Wege. Die ebenfalls serienmäßig lieferbare viertürige Doppelkabine nimmt bis zu 7 Personen auf und bietet aufgrund der Dacherhöhung mehr Kopffreiheit als das Normal-Fahrerhaus. Mannschaftskabinen für eine Gruppenbesatzung von 9 Mann fertigen die Aufbauhersteller in eigener Regie.

Auf Wunsch kann das Fahrerhaus mit Dachluke und umlegbarer Rükkenlehne ausgerüstet werden. Der Beifahrer erhält damit die Möglichkeit, aus der Luke heraus das Umfeld zu erkunden und gegebenenfalls einen Löschangriff durchzuführen.

Einfache Wartungsarbeiten tätigt man bei geöffneter Motorhaube. Größere Reparaturen lassen sich nach dem Hochklappen der Kabinen problemlos erledigen.

Gleichzeitig mit dem U 1300 L erschien der U 1700 L im Lieferprogramm von Daimler-Benz. Mit 4 bis 5 Tonnen Nutzlast war dieser Typ seinerzeit der leistungsfähigste Unimog. Infolge der hohen Nutzlast stieg das zulässige Gesamtgewicht auf nunmehr 11 200 kg und erforderte die stärkere Auslegung des Chassis. Durch den Einbau stärkerer Portalachsen samt größerer Reifen wuchs die Bodenfreiheit um 60 mm auf 500 mm.

Die erreichbare Höchstgeschwindigkeit lag je nach Achsübersetzung entweder bei rund 90 oder 105 km/h. Wassergefüllte Gräben und überflutete Straßen mit einer Wassertiefe von mehr als 1200 mm bezwingt der schwere Unimog ohne Schwierigkei

Carmichael-Tanklöschfahrzeug auf Unimog U 1250 L mit Vorbaupumpe und -seilwinde für die Feuerwehr von Derbyshire. Mit der Einführung des Unimog U 1250 L stand ab Werk ein geeignetes Feuerwehrchassis mit 3 250 mm Radstand zur Verfügung.

Unter dem Heckgeräteraum des TLF des Derbyshire County Council Fire Service befindet sich die Hochdruckschnellangriffseinrichtung.

Brändle-Tanklöschfahrzeug TLF 1400 auf Unimog U 1450 L-F 4x4 (Grundmodell U 1250 L) mit 115 kW/157 PS Motorleistung bei 2600 U/min.

Rosenbauer-Löschfahrzeug LFA auf Unimog U 1250 L für die FF Werfen, Baujahr 1986.

Seiwald-Löschfahrzeug mit Bergeausrüstung und Allradantrieb LFB-A auf Unimog U 1250 L der FF Hallein. Seilwinde 50 kN, Baujahr 1991. ▽

Ziegler-Flughafenlöschfahrzeug FLF 8/16-2 auf Unimog U 1300 L der Werkfeuerwehr MBB Donauwörth. Dieses Spezialfahrzeug basiert auf dem genormten Tanklöschfahrzeug TLF 8/18. Die mitgeführte Menge Schaummittel (200 l) verringert die Kapazität des Löschwasserbehälters auf 1600 l. Durch einen Pumpenvormischer wird das Schaumkonzentrat dem Wasser zugesetzt. Der Innenlenkenmonitor hat eine Ausstoßrate von ca. 1000 l/min. Am Heck befindet sich eine Schnellangriffseinrichtung für Wasser und Schaum.

Ziegler-Tanklöschfahrzeug TLF 8/18 auf Unimog U 1250 L der Freiwilligen Feuerwehr Stuttgart-Untertürkheim. Die Kompakt-TLF der FF Stuttgart sollen die bessere Durchquerung enger Straßen- und Altstadtbereiche sicherstellen.

Brändle-Schlauchwagen SW 1000 auf UNIMOG U 1600 der Feuerwehr Wattwil/Schweiz. Baujahr 1979.

Rosenbauer-Tanklöschfahrzeug TLFA 1000 auf Unimog U 1300 L der FF Zell-Pfarre.

Brändle-Tanklöschfahrzeug TLF 2400 auf Unimog U 1700 L der Feuerwehr Degersheim/Schweiz.

ten. Auch Stufen von bis zu 550 mm Höhe sind kein Hindernis.

Nach rund zehnjähriger Produktionszeit stand für die Unimogs der schweren Baureihe eine generelle Überarbeitung an. Aus dieser Runderneuerung ging das Baumuster 437 hervor, das äußerlich unverändert im wesentlichen den Vorgängern der Reihe 435 entsprach.

Neben kleineren Detailverbesserungen war die Einführung einer neuen Motorbaureihe die gravierendste Veränderung. Die neue Generation Unimog-Triebwerke gehört zur Modellreihe OM 366 und hatte sich schon in zahlreichen Lastkraftwagen bewährt. Höhere Leistung bei gleichzeitig vermindertem Abgasausstoß und größere Laufruhe zeichneten diese Aggregate aus. Der OM 366 ist ein 6-Zylinder-Diesel-Saugmotor und treibt mit 75 kW/102 PS den kleinsten Unimog der schweren Baureihe, den U 1000, an.

Bei allen anderen Fahrgestellen der Modellreihe 437 dient der OM 366 mit Abgasturbolader als Antriebsmaschine. Dieser Motor trägt die Bezeichnung OM 366 A und entfaltet je nach Ausführung 92/100/115/125 kW (125/136/156/170 PS).

Als neues Spitzenmodell im Unimog-Programm kam der Typ U 2 150 L, erstmals auf der BAUMA 1989 in München der Öffentlichkeit vorgestellt, hinzu. Die Antriebsleistung erbringt ein Turbomotor mit Ladeluftkühlung vom Typ OM 366 LA mit einer Leistung von 157 kW/214 PS.

Der U 2 150 L ist mit 3 250 mm oder 3 850 mm Radstand lieferbar und das zulässige Gesamtgewicht von 12 500 kg kann im Ausland 14-15 Tonnen erreichen. Das derzeit stärkste Unimog-Modell präsentierte Mercedes-Benz

Rosenbauer-Tanklöschfahrzeug TLF 2000 (Prototyp) auf Unimog U 1700 L der FF Sankt Christina/ Südtirol.

Maheu-Labrosse-Waldbrandtanklöschfahrzeug (Prototyp) auf Unimog U 1700 L. Mit diesem Unimog-Modell konnte die mitzuführende Wassermenge auf über 3 000 l steigen.

Rosenbauer-Tanklöschfahrzeug TLF 2000 auf Unimog U 1700 L (Prototyp für die Schweiz).

Pulverlöschfahrzeug TroLF 2000 der Flughafenfeuerwehr Linz/Österreich auf Unimog U 1700 L, Aufbau Rosenbauer, Pulverlöschanlage Minimax, Baujahr 1978, Gesamtgewicht 10 600 kg.

Kombiniertes Pulver/ Schaumlöschfahrzeug PLF 750 MS 600 der Feuerwehr Vera Cruz/Mexiko auf Unimog U 1300 L. Das Fahrzeug wurde aus zwei defekten Wagen, die ursprünglich für den Flughafen von Mexiko City bestimmt waren, aber auf dem Seetransport beschädigt wurden, zusammengesetzt, weiß lackiert und mit den dort gebräuchlichen Signaleinrichtungen versehen.

◁
Carmichael-Tanklöschfahrzeug auf Unimog U 1700 L mit Frontmonitor.

1992 wiederum auf der BAUMA in München. Die neuen Typen U 2450 und U 2 450 L werden jeweils von einem 177 kW/240 PS leistenden 6-Zylinder-Dieselmotor vom Typ OM 366 LA angetrieben.

Auf Wunsch kann der OM 366 LA (214) auch im Unimog U 1 550 L zum Einsatz kommen. Insbesondere ausländische Feuerwehren (Schweiz, Norwegen) zeigen großes Interesse für diese Version. Erkennbar sind diese Unimogs am 100 mm höher gelegten Fahrerhaus und den Blenden in den vorderen Kotflügeln.

Seit Herbst 1991 befindet sich ein noch spurtschnelleres Fahrzeug, der U 1550 L (240), im Angebot. Mit seinen 240 PS erfüllt dieser Wagen alle Mindestanforderungen an ein schnelles Vorauslöschfahrzeug, hinsichtlich Nutzlast und Fahrleistungen, die von der ICAO festgeschrieben wurden.

Zu den Besonderheiten der frühen neunziger Jahre zählen die Dreiachser auf der Basis der Modelle U 1 750 L und U 2 150 L. Die ersten Dreiachser setzten sich meist aus einem Unimog-Triebkopf und einem zweiachsigen

Hilfeleistungslöschfahrzeug auf Unimog U 1700 L mit australischem Aufbau.

Analog zu den deutschen Braunkohletagebaubetreibern setzen die australischen Bergwerksunternehmen den Unimog als Lösch- und Rettungsfahrzeug ein.

Anbaurahmen zusammen. Heute erweitert die Firma Werner & Co. serienmäßige Fahrgestelle einfach um eine Nachlaufachse ohne Antrieb (6x4).

Eine weitere interessante Variante ist der U 1650 L, den eine französische Firma mit einer Allradlenkung ausrüstete. Hierbei installierte man statt der normalen Hinterachse eine modifizierte Vorderlenkachse. Eingesetzt wird dieses Chassis bei der Waldbrandbekämpfung, wo extrem wendige Fahrzeuge von Nöten sind.

Der Unimog U 1650 L gehört wie auch der U 1250 L an sich schon zu den besonders schmal gehaltenen Fahrzeugen der Baureihe 427. Mit entsprechend gestalteten Aufbauten bleibt die Wagenbreite von 2 170 mm bzw. 2 100 mm (U 1250 L) erhalten und man bekommt ein kompaktes und wendiges Löschgerät.

Die ersten Tanklöschfahrzeuge entstanden noch auf der Grundlage von Zugmaschinen der Baureihe 424, die ab 1976 produziert wurde. Vor der Montage des feuerwehrtechnischen Aufbaues mußte das Chassis allerdings umgerüstet werden. Die Schweizer Firma LARAG zeichnete verantwortlich für die Verlängerung von Rahmen und Radstand. Letzterer wuchs um 600 mm von 2 650 mm auf 3 250 mm.

Mit der Einführung der Modelle U 1250 L und U 1650 L im Jahre 1988 entfielen solche Fahrwerksanpassungen. Weit verbreitet sind die Kompaktlöschfahrzeuge in der Schweiz.

Die ersten Löschfahrzeuge

Nachdem die dauernde Serienfertigung des Unimog gesichert war und die Verkaufszahlen steigende Tendenz zeigten, nahmen zahlreiche Firmen An- und Aufbaugeräte für den U 25 in ihr Lieferprogramm auf.

Außer einer Vielzahl von Gerätschaften für eine landwirtschaftliche Nutzung, kamen in den frühen fünfziger Jahren auch zunehmend Aggregate und Rüstsätze für andere Aufgabenbereiche hinzu. Gemeint sind insbesondere Ausrüstungen für den Winterdienst, den Straßenbau und die Forstwirtschaft. Ebenso konnte der U 25 für die wirkungsvolle Brandbekämpfung ausgestattet werden. Die notwendigen An- und Aufbauten lieferte die Feuerwehrgerätefabrik Carl Metz GmbH, Karlsruhe.

Zur Umwandlung eines Unimog in ein vollwertiges Feuerlöschfahrzeug wurden nur zwei Komponenten, eine aufsteckbare Feuerlöschkreiselpumpe und ein Geräteaufsatz, benötigt. Pumpe und Aufsatz konnten ohne Werkzeug montiert und wieder entfernt werden, so daß das Fahrzeug auch für anderweitige Dienstleistungen bereitstand.

Die Aufsteckpumpe ließ sich mit wenigen Handgriffen an der Stoßstange befestigen, und der Antrieb erfolgte mittels vorderer Zapfwelle. Mit der Pumpenleistung von 600 l/min (später 800 l/min) bei 80 mWS (8 bar) war die Wasserversorgung für einen Löschangriff durch mehrere Trupps sichergestellt. In einigen Fällen fand der Unimog mit Vorbaupumpe als Arbeitsfahrzeug Verwen-

Boehringer Unimog U 25 mit Metz Aufsteckpumpe MAP 6/8 (800 l/min bei 5,5 bar) und abnehmbarem Geräteaufsatz. In dieser Ausführung transportierte das Unimog-Löschfahrzeug eine vollzählige Löschgruppe (1 + 8 Mann) zum Einsatzort.

dung. Beispielsweise ermöglichte die Pumpe den Einsatz bei der Feldbewässerung.

Die zweite Komponente, der in mehreren Versionen lieferbare Geräteaufsatz, lagerte auf der Hilfsladefläche und diente der Beförderung der Besatzung und einer feuerwehrtechnischen Grundausstattung, bestehend aus Armaturen, Werkzeugen, Saug- und Druckschläuchen. Je nach Ausführung konnten 4 oder 6 Feuerwehrmänner auf Sitzen bzw. Sitzbänken mitfahren.

Die Ausrüstung lagerte in offenen Gerätefächern, die sich bei Bedarf durch Segeltuchplanen verschließen ließen. Im Aufsatz integriert waren eine Signaleinrichtung und ein Arbeitsstellenscheinwerfer, die von der Fahrgestellbatterie gespeist wurden.

Nach den abnehmbaren Geräteauf-

In der Mitte des Geräteaufsatzes lagerte die feuerwehrtechnische Beladung: Sechs A-Saugschläuche, 150 m C-Schlauch, 75 m B-Schlauch und die Armaturenausrüstung für den Einsatz einer Löschgruppe.

sätzen baute die Firma Metz ab Mitte der fünfziger Jahre einige Unimog-Löschfahrzeuge mit fest montierten Aufbauten. Die wesentlichen Merkmale dieser Exportmodelle waren die Feuerlöschkreiselpumpe, die Mannschaftssitzbank und ein kleiner Geräteraum.

Boehringer Unimog-Löschfahrzeug im Einsatz.

Unimog U 25 mit Aufsteckpumpe und sechssitzigem Geräteaufsatz von Metz.

Der Metz-Geräteaufsatz umfaßte neben der Mittelsitzbank für sechs Feuerwehrmänner und der löschtechnischen Ausrüstung auch die Signaleinrichtung mit Rasselwecker, Blinkleuchten und Arbeitsstellenscheinwerfer.

Unimog U 25 mit Aufsteckpumpe und viersitzigem Geräteaufsatz von Metz.

Heckseitig konnten die Saug- und Druckschläuche entnommen werden.

Metz-Mannschaftstransportwagen mit Vorbaupumpe auf Unimog U 25 für die Freiwillige Feuerwehr Maipu/Chile.

Metz-Kleinlöschfahrzeug auf Unimog U 30 für die Feuerwehr Nelspruit/Natal Südafrika.

TANKLÖSCHFAHRZEUGE

TLF 16/24 (DIN)
Unimog BM 437 (U1350L)
· Aufbau Ziegler.

Das TLF 8
des Luftschutzhilfsdienstes

TLF 8 (1. Prototyp)
Unimog S (Vorserienfahrzeug, Radstand 2350 mm), Aufbau Metz. Bundesinnenministerium.
Der abnehmbare Aufbau umfaßt die Truppmannkabine am Heck, den Löschwasserbehälter, die Feuerlöschkreiselpumpe (mit eigenem Antriebsaggregat) und die Schnellangriffseinrichtung.

Für den Einsatz im Luftschutzhilfsdienst wurden in der Mitte der fünfziger Jahre die sogenannten Tanklöschgeräte TLG 2 entwickelt. Diese setzten sich aus einer fix montierten Tragkraftspritze TS 2/5, einem Tank, einer Schnellangriffseinrichtung und einem Gerätekasten zusammen. Das TLG 2 konnte bei Bedarf auf geeignete Transportfahrzeuge verladen und befüllt werden.

Den ersten Feuerlöschwagen mit Aufsteckpumpe und abnehmbarem Geräteaufsatz folgten schon bald Löschfahrzeuge, die neben der feuerwehrtechnischen Ausrüstung auch Löschmittel mitführen konnten.

Große Bedeutung und Verbreitung erlangten dabei die Tanklöschfahrzeuge des Luftschutzhilfsdienstes LSHD. Den Anstoß zur Entwicklung geeigneter Geräte und Fahrzeuge gab in der Mitte der fünfziger Jahre die Bundesanstalt für zivilen Luftschutz. Diese Behörde betrieb, parallel zur Einrichtung der Bundeswehr, den Aufbau einer schlagkräftigen Luftschutzorganisation. Die während des zweiten Weltkrieges gesammelten Erfahrungen beeinflußten natürlich auch die Entwicklung der neuen Fahrzeuggeneration.

Die Löschfahrzeuge der kommunalen Feuerwehren in dieser Zeit waren meist verbesserte Versionen der ab 1940 produzierten Normmodelle. Fahrer- und Mannschaftskabine bildeten dabei eine bauliche Einheit. Daran schloß sich, bei kleineren Löschfahrzeugen unmittelbar und bei größeren als eigenständiger Aufbauteil, die Geräteraumkarosserie an. Chassis und feuerwehrtechnische Ausrüstung konnten von verschiedenen örtlich und überregional tätigen Firmen bezogen werden; und es kam somit trotz einheitlicher Normbezeichnung zu einer Vielzahl von Fahrzeugen, die in Größe und Form stark voneinander abwichen. Zudem entsprach nicht jedes im friedensmäßigen Einsatz gebräuchliche Fahrwerk den hohen Anforderungen für Luftschutzfahrzeuge. Die wichtigsten allgemeinen Abweichungen gegenüber den Normfahrzeugen waren:

1. Einheitliche Fahrgestelle für jede Nutzlastklasse mit serienmäßigem Fahrerhaus.
2. Auswechselbare Kofferaufbauten für Mannschaft und Geräte.
3. Großer Überhangwinkel vorn und hinten.
4. Standheizung für Fahrer- und Mannschaftskabine.
5. Erweiterte feuerwehrtechnische Ausstattung.

Bei eingehenden Testfahrten im Gelände mit Allrad-Lkw stellten sich rasch die Unzulänglichkeiten bei der Überwindung kriegsbedingter Hindernisse, wie trümmerbedeckte oder beschädigte Fahrbahnen, heraus. Für diesen Bedarfsfall mußten nun, insbesondere bei den „leichten Einheiten", ein geeignetes Fahrwerk gesucht bzw. geschaffen und erprobt werden. Außer dem obligaten Allradantrieb sollten die nachstehend auf-

TLF 8 (2. Prototyp), Unimog S (BM 404, Radstand 2 670 mm), Aufbau Metz, Bundesinnenministerium. Der feuerwehrtechnische Aufbau wurde als selbständiges, abnehmbares System ausgeführt. Die Feuerlöschkreiselpumpe erhielt ein eigenes Antriebsaggregat. Eine mechanische Seilwinde am Rahmenende vervollständigte die Ausstattung.

Der zweite Prototyp wurde eingehend durch Produzenten und Bundesinnenministerium erprobt.

gelisteten Bedingungen die Geländegängigkeit sicherstellen:

1. Steigfähigkeit mind. 50 % (26°).
2. Stufen von 300 mm Tritthöhe müssen überfahren werden können.
3. Das beladene Fahrzeug muß bei 20 % (11°) Seitenneigung noch sicher fahren können.
4. Bodenfreiheit mind. 260 mm.
5. Die Bauchfreiheit muß das Befahren von Rampen mit 50 % Neigung erlauben.
6. Überhangwinkel vorn 45° (mit Seilwinde 40°).
7. Überhangwinkel hinten 40°.
8. Mindestmarschgeschwindigkeit 3 km/h.
9. Erreichbare Höchstgeschwindigkeit mind. 80 km/h.
10. Stoßbalken vorn. Das Fahrzeug sollte damit einen Wagen von

TLF 8 (3. Prototyp), Unimog S (BM 404, Radstand 2 670 mm), Aufbau Metz, Bundesinnenministerium. Mit diesem Fahrzeug vollzog sich der Übergang vom abnehmbaren zum demontierbaren Kofferaufbau. Die heckseitig installierte Pumpe wurde nun vom Chassismotor angetrieben. Als Schnellangriffseinrichtung dienten Faltschläuche mit angekuppelten Strahlrohren.

gleicher Größe auf ebenem Terrain schieben können.

Analog zum Anforderungskatalog für das Fahrwerk wurden auch die Einzelheiten des feuerwehrtechnischen Aufbaues festgelegt. Die Entwicklung der Unimog-Tanklöschfahrzeuge reicht zurück bis in das Jahr 1953. Zu dieser Zeit begannen die Versuche, den seit Sommer 1952 im Entstehen begriffenen Unimog S auch für den Löschwassertransport nutzbar zu machen.

Nach umfangreichen Geländefahrversuchen mit Ballastgewichten auf der Ladefläche fertigte Metz ein erstes Rohmodell an. Als Erprobungsträger fungierten hier jeweils noch Vorserien-Unimog S mit einem Radstand von 2 350 mm. Die folgenden Prototypen realisierte Metz dann bereits auf der Basis der Großserien-Unimog, die zwischen Mai 1955 und September 1956 produziert wurden.

Der Prototyp 2 wies schon alle wesentlichen Merkmale der späteren TLF 8, insbesondere die Truppmannkabine im kastenförmigen Aufbau und die Schnellangriffseinrichtung mit formfestem Druckschlauch, auf. Allerdings bildeten Fahrgestell und Tanklöschaufsatz noch unabhängig voneinander arbeitende Systeme.

Der feuerwehrtechnische Aufbau verfügt daher über eine Feuerlöschkreiselpumpe mit eigenem Antriebsaggregat und konnte deshalb bei Bedarf schnell von der Ladefläche des Trägerfahrzeuges gelöst und auf ein anderes Chassis transferiert werden.

Beim 3. Prototyp wurde der Schritt vom abnehmbaren Kofferaufsatz zum demontierbaren Aufbau getan. Der Antrieb der Pumpe erfolgte nun durch den Fahrgestellmotor.

TLF 8 (4. Prototyp), Unimog S (BM 404, Radstand 2 670 mm), Aufbau Metz und Voll, Bundesinnenministerium. Dieser Prototyp entsprach nun weitgehend den Wünschen und Anforderungen des Luftschutzhilfsdienstes und die Serienfertigung konnte anlaufen.

TLF 8 (Serienausführung), Unimog S (BM 404 B, Radstand 2 900 mm), Aufbau Metz und andere, Bundesinnenministerium. ▽

TLF 8 (Prototyp), Unimog U 100/416, Aufbau Magirus, Bundesinnenministerium. Ab Mitte der sechziger Jahre erprobte das Bundesamt für Zivilschutz verschiedene Fahrgestelle mit TLF-Standardaufbau als Alternative zum Unimog S. Das abgebildete TLF 8 blieb ein Einzelstück. Auch zu einer Beschaffung anderer Chassis kam es nicht.

VLF (Vorauslöschfahrzeug), Unimog S (BM 404 B, Radstand 2 900 mm), Aufbau Voll, Bundesinnenministerium. Baugleiche Kofferaufbauten wurden auch für Bergungsschnelltruppwagen (BSW) und Vorausentgiftungsfahrzeuge (VEF) verwendet.

Mit dem 4. und letzten Versuchswagen, einer Gemeinschaftsarbeit der Karosseriefabrik Voll, Würzburg und Carl Metz, Karlsruhe, bekam das TLF 8 seine endgültige Form.

Die wesentlichen Kenndaten und Merkmale dieses Standardfahrzeuges des Luftschutzhilfsdienstes waren:

1. Demontierbarer Einheitskofferaufbau mit integrierter Truppmannkabine.
2. Tank für 800 l Löschwasser.
3. Am Heck montierte Feuerlöschkreiselpumpe mit einer Leistung von 1600 l/min bei 80 mWS.
4. Schnellangriffseinrichtung mit 30 m formfestem Druckschlauch.

Die feuerwehrtechnische Beladung umfaßte eine Tragkraftspritze TS 2/5, 10 B-Druckschläuche à 20 m, 4 C-Druckschläuche à 15 m, 4 D-Druckschläuche à 15 m, 4 A-Saugschläuche, 1 zweiteilige Steckleiter, Hitzeschutzanzüge, Armaturen und Werkzeuge.

Außer dem TLF 8 entwickelte die Bundesanstalt für zivilen Luftschutz noch das Vorauslöschfahrzeug VLF. Dieses Fahrzeug sollte, seiner Bezeichnung entsprechend, vor den anderen Einheiten der F-Bereitschaft an der Einsatzstelle eintreffen. Die Besatzung, eine Löschstaffel, war mit den Aufgaben Menschenrettung,

TLF 1300, Unimog BM 416 (U 125) · Aufbau Rosenbauer · FF Bad Tölz (Bayern) · FPH Rosenbauer 65000, W 1300 l, Besatzung 1 + 4, Bj. 1974.

TLF 8/12 Unimog BM 416 (U 125) · Aufbau Ziegler · FF Gernsbach (Baden-Württemberg) · FPH Ziegler 8/8, W 1200 l, Besatzung 1 + 4, Bj. 1976.

TLF 8/18 Unimog BM 416 (U 125) · Aufbau Metz · FF Reinsfeld (Rheinland-Pfalz) · FPH Metz 8/8, W 1800 l, Besatzung 1 + 1, Bj. 1976.

TLF 8/11
Unimog BM 435 (U1300L)
· Aufbau Metz · FF Lübeck ·
FPH Metz 8/8, W 1100 l,
Besatzung 1 + 5, Bj. 1987.

TLF 8/11
Unimog BM 437 (U1550L)
· Aufbau Ziegler · FF Lübeck
· FPH Ziegler 8/8,
W 1100 l, Besatzung 1 + 5,
Bj. 1991.

Einsatzstellenerkundung und Anfahrtswegsicherung betraut.

Im vorderen Teil des Kofferaufbaues befand sich die Mannschaftskabine mit vier Sitzplätzen. Daran anschließend lagerte in Koffermitte ein Tank für 330 l Löschwasser, das zum Befüllen der Rucksackspritze und der Kleinlöschgeräte diente.

Da das VLF über keine Einbaupumpe verfügte, konnte im friedensmäßigen Einsatz eine Tragkraftspritze mitgeführt werden. Die feuerwehrtechnische Bestückung fand Platz in den beid- und heckseitig gelegenen und mit Klapptüren verschlossenen Geräteräumen. Die wichtigsten Ausrüstungsbestandteile des VLF waren: 3 Preßluftatmer, 3 Hitzeschutzanzüge, 3 Hitzeschutzumhänge, 1 Wasserrucksack, 14 B-Druckschläuche à 20 m, 6 C-Druckschläuche à 15 m, 2 D-Druckschläuche à 15 m, Armaturen und Werkzeuge.

Zur Selbst- und Fremdbergung war das VLF mit einer Vorbauseilwinde versehen.

Gegen Ende der fünfziger Jahre begann die Serienfertigung von TLF 8 und VLF für den Brandschutzdienst innerhalb des Luftschutzhilfsdienstes. Andere Fachdienste des Luftschutzhilfsdienstes erhielten gleichfalls Unimog-Einsatzfahrzeuge. Diese glichen äußerlich denen des Brandschutzdienstes, hatten aber eine dem jeweiligen Verwendungszweck gerechte Inneneinrichtung und Beladung. Die Einheitskofferkarosserien des Vorauslöschfahrzeuges kamen daher für Vorausentgiftungsfahrzeuge und Bergungsschnelltruppwagen in Gebrauch. Das Parallelmodell zum TLF 8 war das Entgiftungsfahrzeug.

TANKLÖSCHFAHRZEUGE NACH DIN

TLF 8/18 (DIN) Unimog BM 435 (U 1300 L) · Aufbau Ziegler · Prototyp. Mit der Einführung der schweren Unimog-Baureihe 435 konnte erstmals ein normgerechtes TLF 8/18 mit Truppbesatzung hergestellt werden. Der von Ziegler aufgebaute Prototyp wurde 1977 im Rahmen der Internationalen Automobil-Ausstellung IAA in Frankfurt präsentiert.

TLF 8/18 (DIN)
Unimog BM 435 (U 1300 L)
· Aufbau Ziegler.
Serienausführung mit seitlich gelagerter Schnellangriffseinrichtung.

Die Unimog-Baumuster der sechziger und frühen siebziger Jahre waren allesamt mit Fahrerhäusern für zwei Personen ausgestattet. Dagegen verlangte die Norm aber drei Sitzplätze für eine vollständige Truppenbesatzung 1 + 2. Auch die Benutzung einer fünfsitzigen Mannschaftskabine verstieß gegen die DIN-Vorschriften. Da also bis Mitte der siebziger Jahre keine geeignete Unimog-Kabine für den Bau eines normgerechten Tanklöschfahrzeuges zur Verfügung stand, wurden nur einige wenige Sondermodelle für deutsche Feuerwehren gebaut.

TLF 8/18 (DIN) Unimog BM 435 (U 1300 L) · Aufbau Metz.

TLF 8/18 (DIN) Unimog BM 435 (U 1300 L) · Aufbau Bachert · FF Erlangen (Bayern).

TLF 8/18 (DIN) Unimog BM 435 (U 1300 L) · Aufbau Metz · FF Karlsruhe-Knielingen (Baden-Württemberg).

TLF 8/18 (DIN) Unimog BM 435 (U 1300 L) · Aufbau Schlingmann · FF Lüdenscheid-Hommert (Nordrhein-Westfalen).

Erst nach Einführung der schweren Baureihe 435 ließ sich ein Norm-TLF realisieren. Das neue eckige und geräumige Fahrerhaus bot genügend Platz für Fahrer und zwei Begleiter. Damit war eine wichtige Grundvoraussetzung erfüllt.

Etwa zur gleichen Zeit überarbeiteten die Fachgremien die Normvorschriften für einige Feuerwehrfahrzeuge. Aus dem TLF 8 wurde nach der neuen Norm vom Oktober 1976 das TLF 8/18. Die Aufgaben eines Tanklöschfahrzeuges und seiner Besatzung sind nachfolgend aufgelistet:

- Die Bekämpfung von Entstehungsbränden, da es meist als erstes Löschfahrzeug ausrückt.

- Die Aufnahme der Löscharbeiten mit dem mitgeführten Wasservorrat, bis eine Löschwasserversorgung über Schlauchleitungen gesichert ist.
- Der Löschwassertransport über größere Entfernungen im Pendelverkehr zwischen Entnahme- und Einsatzstelle.

Ebenso lassen sich Tanklöschfahrzeuge zum behelfsmäßigen Trinkwassertransport benutzen. Nachdem sich schon im Jahre 1975 die TLF 8 des ehemaligen LSHD, trotz der geringen Tankkapazität von 800 l, bei der Waldbrandkatastrophe in Niedersachsen bewährten, gilt dies natürlich erst recht für die neuen kommunalen Tanklöschfahrzeuge auf Mercedes-Benz-Unimog. Die wichtigsten Eckdaten des neuen Aufbaues waren:

- Vom Fahrgestellmotor angetriebene und heckseitig installierte Feuerlöschkreiselpumpe FP 8/8 mit einer Nennleistung von 800 l/min bei 8 bar Förderdruck und einer geodätischen Nennsaughöhe von 1,5 m (später 3 m).
- Löschwasserbehälter mit einem Fassungsvermögen von 1800 l.
- Schnellangriffseinrichtung, eingebaut über der Pumpe, mit 30 m formfestem Druckschlauch.

Auf der Internationalen Automobil-Ausstellung in Frankfurt präsentierte Daimler-Benz 1977 erstmals ein TLF 8/18 auf dem Unimog U 1300 L. Den feuerwehrtechnischen Aufbau hatte die Firma Ziegler aus mannigfach erprobten Komponenten zusammengesetzt.

Der Prototyp verfügte noch beidseitig und am Heck jeweils über einen mit Jalousien verschlossenen Geräte-

TLF 8/18-0,6 Unimog BM 435 (U 1300 L) · Aufbau Metz · FF Hessen-eck-Kailbach (Hessen).

TLF 8/18 (DIN) Unimog BM 435 (U 1300 L) · Aufbau Bachert · FF Warmensteinach (Bayern).

raum. Die Bestückung war um den in Aufbaumitte montierten Löschwasserbehälter verteilt untergebracht. Mit dem Anlaufen der Serienproduktion kam, bedingt durch die veränderte Anordnung der feuerwehrtechnischen Ausrüstung, eine zweite Rollade auf der Beifahrerseite hinzu. In diesem seitlichen Geräteraum brachte man teilweise, entgegen den Bestimmungen der Norm, die Schnellangriffseinrichtung unter.

Natürlich lieferten auch die Firmen Bachert, Heines, Metz und Schlingmann ab 1978 genormte TLF 8/18. In den zu Ende gehenden achtziger Jahren führten die Bemühungen der Fachleute aus Industrie und Feuerwehren zu einer weiteren Vereinheitlichung der Feuerwehrfahrzeuge.

Zu den verbleibenden Normmodellen zählt das TLF 16/24, welches eigentlich nur eine leistungsfähigere Variante des TLF 8/18 darstellt. Das Tankvolumen stieg von 1800 auf 2 400 Liter und die Nennleistung der Feuerlöschkreiselpumpe erhöhte sich auf 1 600 l/min bei 8 bar und 3 m geod. Saughöhe. Zur Regel wurde nun auch die seitliche Anordnung der Schnellangriffseinrichtung.

Mit der Typenreduzierung einher ging auch die Einführung der neuen Unimog-Baumuster 407, 417 und 437, so daß als Fahrwerke für das TLF 16/24 die Unimog-Typen U 1350 L und U 1550 L Einzug hielten.

TLF 16/24 (DIN) Unimog BM 437 (U 1550 L) · Aufbau Geisselmann · FF Meckesheim-Mönchzell (Baden-Württemberg).

Eine besondere Abart des Norm-TLF 8/18 entstand unter dem Eindruck der Waldbrandkatastrophe von 1975 in Niedersachsen. Mit der Technischen Weisung Nr. 3 vom 17.12.1976 erließ der niedersächsische Innenminister Richtlinien über den Bau eines speziell für die Bekämpfung von Wald-, Moor- und Heidebränden zugeschnittenen Gerätes.

Hinter der Typenbezeichnung TLF 8 (W) verbirgt sich ein abgewandeltes TLF 8/18 nach DIN 14530 Teil 18. Eine Dachluke über dem Beifahrersitz mit flexibler B-Löschwasserzuführung gestattet die Wasserabgabe auf brennende Flächen vom fahrenden Wagen.

Gleichfalls wurden höhere Anforderungen an das Fahrwerk festgeschrieben:

- Allradantrieb auf vier gleich große Räder
- Niederdruckeinzelgeländereifen
- Differentialsperre in Vorder- und Hinterachse
- Bodenfreiheit mindestens 450 mm
- Überhangwinkel vorn und hinten mindestens 35°
- Spezifische Motorleistung 11 kW/t (15 PS/t)

Alle diese Kriterien erfüllte seinerzeit nur der Unimog.

TANKLÖSCHFAHRZEUGE OHNE NORM

TLF 1200
Unimog S · Aufbau Rosenbauer · FF Leopoldsdorf (Österreich).

TLF 1200
Unimog BM 404 B (Unimog S U 82) · Aufbau Rosenbauer · FF Rauris/Österreich · FPH Rosenbauer 65000 (2 000 l/min bei 8 bar und 350 l/min bei 40 bar), W 1200 l, Besatzung 1 + 3, Bj. 1968.

TLF 1300
Unimog BM 404 B (Unimog U 82) · Feuerwehr Simrishamn/Schweden. In den skandinavischen Ländern entstanden schon während der sechziger Jahre Unimog-Einsatzfahrzeuge mit heruntergezogenen Aufbauten. W 1300 l, Besatzung 1 + 1, Bj. 1971.

TLF 8
Unimog BM 404 (U 82) · Aufbau Ziegler · Somalia · FPH Ziegler 8/8; W 800 l, Besatzung 1 + 2, Bj. 1969. Das TLF entsprach weitgehend dem Modell des deutschen Luftschutzhilfsdienstes, war aber mit einer anderen Bestückung ausgestattet. Unter anderem wurde die Beladung um eine Schaumlöschausrüstung (Zumischer, Schwerschaumrohr, Schaummittelbehälter, etc.) erweitert.

◁
TLF 800
Unimog BM 404 B (U 82) · Aufbau INASI · Portugal · FPH Darley HM 250 (1000 l/min bei 10 bar und 225 l/min bei 21 bar), W 800 l, Besatzung 1 + 4, Bj. 1986. Das Fahrgestell wurde aus Militärbeständen übernommen. ▽

TLF 1500
Unimog BM 413 (U 800 L) · Aufbau INASI · Portugal · FPH Darley HM 250, W 1500 l, Besatzung 1 + 5, Bj. 1988.
Vier Feuerwehrmänner werden auf einer offenen Sitzbank zur Einsatzstelle befördert.

TLF 1300 A
Unimog BM 416 (U 1100 L) · Aufbau Rosenbauer/ Südafrika · Brandweer Akasia/Südafrika · FPH Rosenbauer R 165, W 1200 l, Schaum 100 l, Besatzung 1 + 4.

Tanklöschfahrzeug der Grönlands Tekniske Organisation GTO auf Unimog U 1100 L.

TLF 1300
Unimog BM 416 (U 125) · Aufbau Rosenbauer · Zivilschutz Libyen · FPH Rosenbauer 65000, W 1300 l, Besatzung 1 + 4.

TLF 1300
Unimog BM 416 (U 1100 L/ 34) · Aufbau Rosenbauer · Zivilschutz Libyen.

◁
TLF 1000
Unimog BM 416 (U 1100 L) · Aufbau Ajax Ziegler · BF Den Haag/Niederlande · FPH Ziegler 8/8-2 HH (Kombinierte Normal- und Hochdruckpumpe), W 1000 l, Besatzung 1 + 4, Bj. 1986.
Das TLF 1000 wurde hauptsächlich für Brände im Strand- und Dünengelände beschafft.
◁

TLF 1800 (Tankautospuit) Unimog BM 435 (U 1300 L) · Aufbau Brandweer Zeist · Brandweer Zeist (Niederlande) · FPH Rosenbauer 65000 B, W 1800 l, 2 Hochdruckschnellangriffs einrichtungen.

Hilfeleistungslöschfahrzeug Unimog BM 435 (U 1300 L) · Aufbau John Dennis · Essex Fire Brigade (GB).

TLF 2000 Unimog BM 435 (U 1300 L) · Aufbau INASI · Portugal · FPH Darley JMP (1 400 l/min bei 10 bar und 225 l/min bei 56 bar), W 2 000 l, Besatzung 1 + 6 (offene Sitzbank für vier Feuerwehrmänner), Bj. 1987. ▽

TLF 2000
Unimog BM 435 (U 1300 L) · Aufbau INASI · Portugal · FPH Ziegler 8/8-2 HH (1800 l/min bei 8 bar und 300 l/min bei 40 bar), W 2000 l, Besatzung 1 + 2, Bj. 1984.

TLF 2000 U
Unimog BM 435 (U 1300 L) · Aufbau Rosenbauer · Brandweer Stellenbosch bei Kapstadt/Südafrika · FPH Rosenbauer R 280 (3000 l/min bei 8 bar und 350 l/min bei 40 bar), W 1800 l, S 200 l, Besatzung 1 + 2. Das mit zwei Hochdruckschnellangriffseinrichtungen ausgerüstete TLF ist das erste südafrikanische Feuerwehrfahrzeug auf der Basis der schweren Unimog-Baureihe.

TLF 1600
Unimog BM 435 (U 1300 L) · Aufbau Vogt · Feuerwehr Nesslau (Schweiz) · FPH Ziegler Typ III (2800 l/min bei 8 bar), W 1600 l, Besatzung 1 + 2, Bj. 1984.

TLF 2000
Unimog BM 435 (U 1300 L) · Aufbau INASI · Portugal · FPH Ziegler 8/8-2 HH, W 2000 l, Besatzung 1 + 4 (für zwei Besatzungsmitglieder sind hinter dem Fahrerhaus Längssitze integriert), Bj. 1986.

TLF 8/14
Unimog BM 435 (U 1300 L) · Aufbau Ziegler · Portugal · FPH Ziegler 8/8, W 1400 l, Besatzung 1 + 5.

TLF 2000
Unimog BM 437 (U 1550 L [214]) · Aufbau Rosenbauer · Vorführfahrzeug. Mit Einführung des Unimog U 1550 L (214) steht den Feuerwehren ein leistungsfähiges Fahrwerk mit hervorragendem Beschleunigungsvermögen zur Verfügung.

TLF 1800
Unimog BM 437 (U 1550 L [170]) · Aufbau Vogt · Feuerwehr Stein · FPH Ziegler Typ III (28/8), W 1800 l, Besatzung 1 + 2, Seilwinde WARN 3,6 t, Bj. 1990.

TLF 1800
Unimog BM 437 (U 1550 L [214]) · Aufbau Karosserie Baldinger · Feuerwehr Lauwil/Schweiz · FPH Metz 28/8-3/40 (2800 l/min bei 8 bar und 300 l/min bei 40 bar), W 1800 l, Schnellangriffseinrichtung mit 60 m Hochdruckschlauch und Löschpistole mit Schaumrohrvorsatz, Zumischung über Hochdruckpumpenvormischer, automatische Pumpendruckregulierung Barber Colman, Lichtmast 2 x 1500 W, Generator 5 kVA (tragbar), Bj. 1991.

TLF 1800
Unimog BM 437 (U 1550 L [214]) · Aufbau Vogt · Feuerwehr Trub/Schweiz · FPH Ziegler Typ III (2800 l/min bei 8 bar), W 1800 l, Besatzung 1 + 2, Bj. 1991.

◁

TLF 1600
Unimog BM 437 (U 1550 L) · Aufbau Brändle · Feuerwehr Bättwil/Schweiz · FPH Godiva Typ III (2 800 l/min bei 8 bar und 300 l/min bei 40 bar), W 1 600 l, Besatzung 1 + 2, Lichtmast 2 x 1 500 W (pneumatisch ausfahrbar), Bj. 1989.

◁

TLF 2000 ▷
Unimog BM 435 (U 1700 L) · Aufbau Rosenbauer · Schweiz. ▽

TLF 2000
Unimog BM 435 (U 1700 L) · Aufbau Baribbi · Italien · FPH Baribbi B 300 (3 200 l/min bei 8 bar), W 1800 l, S 200 l.

Timoney-Tanklöschfahrzeug auf Unimog U 1700 L der Kildare Co. Brigade (Irland).

TLF 2000
Unimog BM 437 (U 1750 L) · Aufbau Rosenbauer · Libyen, Sirte Oil · FPH Rosenbauer R 280 HN mit Pumpenvormischer RVM 80, W 1800 l, S 200 l, Schnellangriffseinrichtung 60 m HD-Schlauch (ϕ 25 mm), Dachmonitor RM 24 M, ausschwenkbare Pulverlöschanlage PLA 50.

TLF 8/20-3
Unimog BM 435 (U 1700 L) · Aufbau Ziegler · Türkei · FPH Ziegler 8/8, W 2 000 l, S 300 l, Monitor ca. 1 000 l/min, Besatzung 1 + 2, Bj. 1986.

TLF 2400
Unimog BM 435 (U 1700 L) · Aufbau Vogt · Feuerwehr Altendorf/Schweiz · FPH Ziegler Typ III (28/8), W 1 800 l, Besatzung 1 + 2, Bj. 1981.

TLF 2000
Unimog BM 435 (U 1700 L) · Aufbau Rosenbauer · FF Mittelolang/Südtirol · W 1 800 l, S 200 l, Monitor RM 16, Bj. 1982.

TLF 1000/100/250 Unimog BM 435 (U 1300 L) · Aufbau Rosenbauer · Flughafen Sofia/Bulgarien · W 1000 l, S 100 l, P 250 kg, Besatzung 1 + 2, Bj. 1988.

TLF 8/20-5 P 500 Unimog BM 437 (U 1750 L) · Aufbau Ziegler · Hafenverwaltung Freetown/ Sierra Leone · FPH Ziegler 8/8, W 2 000 l, S 500 l, P 500 kg, Besatzung 1 + 2, Bj. 1991.

TroLF 24/00-10 Unimog BM 435 (U1700L) · Aufbau Ziegler · WF INA, Lendava (Slowenien) · FPH 24/8-2 HH (2700 l/min bei 8 bar und 250 l/min bei 40 bar), S 1000 l, P 1000 kg (Minimax), je eine Schnellangriffseinrichtung für Normal- und Hochdruck, handbetätigter Wasser-Schaum-Monitor auf dem Dach (1600 l/min), Pulverlöschanlage PLA 1000 mit Dachmonitor (Ausstoßraten von 15, 25 und 40 kg/s einstellbar) und zwei Schnellangriffseinrichtungen (5 kg/s), Besatzung 1 + 2, zul. Ges.-Gew. 10600 kg, Bj. 1979.

TLF 2000/200 Unimog BM 437 (U 1550 L/37 [214]) · Aufbau Somati · Luxemburg · FPH Metz 16/8-HFP 3/40, W 2000 l, S 200 l, Schnellangriffseinrichtungen für Normal- (30 m) und Hochdruckbetrieb (60 m), Zumischer PV 12 HD, Bj. 1991.

TroLF 1000/1000 Unimog BM 435 (U 1700 L) · Aufbau Metz · BEB-Erdgasaufbereitung (Niedersachsen) · FPH Metz 16/8 II-3/40, S 1000 l, P 1000 kg (Total), handbetätigter Wasser-Schaum-Monitor RM 16 (1600 l/min), Wurfweiten Wasser ca. 55 m und Schaum ca. 50 m, Total-Pulverwerfer mit einer Ausstoßrate von 20 kg/s und einer Reichweite von ca. 20 m, zul. Ges.-Gew. 11200 kg, Bj. 1981.

TLF 700
Unimog BM 411 · Aufbau INASI · Portugal · FPH Darley 1 ½ AG PTO (570 l/min bei 6 bar und 130 l/min bei 29 bar), W 700 l, Besatzung 1 + 3, zwei Besatzungsmitglieder finden Platz auf den Längssitzen hinter der Fahrerkabine, Bj. 1984 (Aufbau).

TLF 700
Unimog BM 411 · Aufbau INASI · Portugal · FP Darley-Tragkraftspritze (225 l/min bei 10 bar und 76 l/min bei 17 bar), W 700 l, Besatzung 1 + 3, zwei Sitzplätze sind heckseitig angeordnet, Bj. 1984 (Aufbau).

TLF 8/18 (W)
Unimog BM 435 (U1300 L)
· Aufbau Ziegler ·
Sonderausführung des TLF 8/18 für die Waldbrandbekämpfung (Land Niedersachsen).

TLF 8/18 (W)
Unimog BM 437 (U1550 L)
· Aufbau Schlingmann ·
Land Niedersachsen · Dank der zusätzlichen Dachluke über dem Beifahrersitz und der Schnellangriffseinrichtung auf dem Dach können Wald-, Busch- und Wiesenbrände vom fahrenden Wagen bekämpft werden.

TLF 2000/150
Unimog BM 435 (U1300 L)
· Aufbau Total · Trinidad and Tobago Fire Service ·
FPH Metz 16/8-3/40,
W 2 000 l, S 150 l, Besatzung 1 + 2, Bj. 1979.

TLF 1200
Unimog BM 435 (U 1300 L)
· Aufbau Total.

◁
TLF 800 (Hulpverleningsvoertuig – Hilfeleistungsfahrzeug)
Unimog BM 437 (U 1350 L) · Aufbau Brandweer Zeist · Brandweer Zeist/Niederlande · FPH Rosenbauer 65000 S, W 800 l, Beladung für technische Hilfeleistung bei Verkehrsunfällen (Schere, Spreizer und Werkzeug). ▽

RTLFA (Rüsttanklöschfahrzeug mit Allradantrieb) Unimog BM 435 (U 1700 L) · Aufbau Seiwald · FF Elsbethen/Österreich · FPH Ziegler 8/8, W 1200 l, Beladung für Hilfeleistungseinsätze, Bj. 1984.

RLF (Rüstlöschfahrzeug) Unimog BM 427 (U 1650 L) · Aufbau Rosenbauer · BF Salzburg/Österreich · FPH Rosenbauer NH 20 (2 000 l/min bei 10 bar und 400 l/min bei 40 bar), W 1000 l, S 100 l, Seilwinde Rotzler Treibmatic 050 (50 kN), Generator 7,5 kVA, Lichtmast 4 x 1000 W, hydraulisches Rettungsgerät (Schere und Spreizer), Bj. 1991.

TLF 1400 Unimog BM 427 (U 1250 L, 156 PS) · Aufbau Vogt · Feuerwehr Emmetten/Schweiz · FPH Ziegler 28/8 (Typ III) · W 1400 l, Gesamtgewicht 7 800 kg · Fahrzeugbreite 2 100 mm · Bj. 1989.

TLF 2400
Unimog BM 427 (U 1250 L, Schweizer Bez. U 1450 L) · Aufbau Metz · Kanton Tessin (8 TLF 2400) · FPH Metz 8/8 · W 2 400 l · Bj. 1990.

Waldschutzfahrzeug ▷
Unimog BM 416 (U 1100 L) · Aufbau Sala Kaross · BF Stockholm/Schweden.

◁ *TLF 2000*
Unimog BM 435 (U 1300 L) · Aufbau Tollarp Kaross · Feuerwehr Bastad/ Schweden · Wasserbehälter 1900 l · Schaummitteltank 100 l · Generator 5 kVA · Lichtmast 3 x 500 W (Höhe 6 m) · Vorbauseilwinde (35 kN) · Besatzung 1 + 4 · Bj. 1986.

Waldbrandbekämpfungs-fahrzeug der Shiboro Fire Station, Hokkaido auf Unimog U 1350 L. Die Feuerlöschkreiselpumpe verfügt über ein eigenes Antriebsaggregat.

WALDBRAND-TANKLÖSCHFAHRZEUGE

Eine besonders variantenreiche Gruppe unter den Tanklöschfahrzeugen bilden die Wagen für die Waldbrandbekämpfung. Hier findet man neben annähernd konventionell gehaltenen Bauarten auch eine ganze Reihe ausgefallener Konstruktionen.

Die Entwicklung geht oftmals regional und national unterschiedliche Wege, aber auch ähnliche Aufbauformen entstanden gleichzeitig auf mehreren Kontinenten. In Konzeption und Bau eines Waldbrandtanklöschfahrzeuges fließen neben den jeweils geltenden örtlichen Vorschriften, soweit diese überhaupt existieren, auch die Anforderungen, die sich aus klimatischen und topographischen Verhältnissen des Einsatzgebietes ergeben, mit ein. So entwickelte sich in den letzten 30 Jahren weltweit eine vielgestaltige Fahrzeugklasse.

Der Unimog mit seinen hervorragenden Fahrleistungen im Gelände, bietet sich geradezu als ein ideales Fahrgestell für diesen Zweck an. Solide, ausgereifte Technik und die quali-

tativ hochwertige Verarbeitung machen das Unimog-Waldbrandbekämpfungsfahrzeug zu einem zuverlässigen und stets einsatzbereiten Hilfsmittel.

Große Überhang- und Böschungswinkel in Verbindung mit dem relativ kurzen Radstand lassen ein wendiges und kompaktes Fahrzeug entstehen. Steigungen und rauhes Terrain bilden kaum Hindernisse, die nicht überwunden werden können. Die zahlreichen Abstufungen des Unimog-Getriebes erlauben die schnelle Anfahrt zur Brandstelle über gute Straßen ebenso wie die Schleichfahrt im Gelände zur Bekämpfung des Feuers vom fahrenden Wagen aus.

In einigen Ländern kristallisierten sich mit der Zeit gewisse Standards heraus. Die Einzelheiten, wie Tankinhalte, Pumpenleistung und Beladung, wurden durch Normen oder Regelwerke bestimmt. Beispielsweise gibt es in Deutschland, Belgien und Frankreich Vorschriften über den Bau von Waldbrandtanklöschfahrzeugen (WLTF), während in Südafrika die Anforderungen des Marktes entscheidenden Einfluß ausüben.

– IN FRANKREICH

In Frankreich fand der Unimog in wohl mehr als tausend Exemplaren, wovon die weitaus meisten für die Waldbrandbekämpfung ausgestattet waren, Verwendung. Aufgrund der großflächigen Waldgebiete, vor allem im Süden des Landes, die insbesonders im Sommer bei Hitze und Trockenheit extrem gefährdet sind, mußten die Verwaltungen der Departements spezielle Fahrzeuge für den Einsatz in weglosem, oftmals felsigem Gelände beschaffen.

In der Zeit nach dem zweiten Weltkrieg wurden für diesen Zweck überzählige Militärfahrzeuge, angefangen vom Jeep bis hin zum schweren Lastkraftwagen, umgebaut. Daneben prägten aber auch WTLF auf Chassis aus heimischer Fertigung das Bild der Waldbrandbekämpfungseinheiten.

Erst ab Mitte der sechziger Jahre beschafften die Departements, teilweise als Ersatz für die älteren Armeevehikel, vermehrt Unimog-WTLF. Dem zunächst angekauften Unimog S folgten schon bald die Fahrwerke der Baureihe 416, die auch noch heute in großer Zahl bei den Feuerwehren in Dienst stehen.

Experimente zur Erhöhung der Transportkapazität von Löschwasser mit einem Dreiachschassis, bestehend aus einem Unimog-Triebkopf 416 T und einem zweiachsigen Lesa-Anbaurahmen, wurden mit Einführung der tragfähigeren Unimogs der schweren Baureihe überflüssig. Mit

W-TLF
Unimog BM 416 (U 125) · Aufbau Maheu-Labrosse · Frankreich · Waldbrandtanklöschfahrzeuge auf dem Unimog U 125 führen in der Regel 1600 bis 1800 Liter Wasser mit. Die heckseitig abnehmbar aufgesetzte Motorpumpe (ähnlich einer Tragkraftspritze) hat eine Nennleistung von 500 l/min bei 10 bar.

W-TLF 1700
Unimog BM 416 (U 125) · Aufbau Guinard · Limoges/ Frankreich · FP Motorpumpe Guinard GR 67 A 1 (500 l/min), W 1700 l, Besatzung 1 + 3 (zwei Quersitze hinter der Fahrerkabine).

W-TLF 1800
Unimog BM 416 (U 125) · Aufbau Maheu-Labrosse · Korsika · FP ML 31 PAE (500 l/min), W 1800 l, Besatzung 1 + 3 (zwei Längssitze).

dem derzeitigen Spitzenmodell der Unimog-Serie, dem U 2150 L, können rund 6000 l Wasser zur Brandstelle transportiert werden.

Zu den Löschfahrzeugen auf Gelände-Lkw-Fahrgestellen gesellten sich auch solche auf der Basis der Zugmaschine BM 406. Unter anderem benutzt die französische Forstbehörde solche in gelb lackierte WTLF.

Die französischen Baurichtlinien unterscheiden leichte, mittlere und schwere Waldbrandtanklöschfahrzeuge. Sie tragen je nach nutzbarem Tankinhalt die Bezeichnungen:

- Camion Cisterne pour feux de forêts Léger CCFL (Leichtes Waldbrandtanklöschfahrzeug mit mindestens 600 l Wasser)
- Camion Cisterne pour feux de forêts Moyen CCFM (Mittleres Waldbrandtanklöschfahrzeug mit 1500 bis 2000 l Wasser)
- Camion Cisterne pour feux de forêts lourd CCF (Schweres Waldbrandtanklöschfahrzeug mit mehr als 2000 l Wasser)

Ebenso vorgeschrieben sind die Mindestförderleistungen der Pumpen.

Bei den ersten Unimog-WTLF setzte sich der löschtechnische Aufbau in der Regel aus folgenden Komponenten zusammen:

- Mittig montierter Löschwasserbehälter in Längsrichtung
- Feuerlöschkreiselpumpe am Heck (wahlweise als Einbaupumpe oder als abnehmbares Pumpenaggregat mit eigenem Antriebsmotor)
- 1 oder 2 Schnellangriffseinrichtungen
- Seitliche Gerätekästen
- und Sitzgelegenheiten am Heck oder neben dem Löschwassertank, um der Besatzung die Möglichkeit zur Brandbekämpfung mittels Schnellangriff vom fahrenden Fahrzeug aus zu geben. Die Sitze waren dazu in bzw. entgegen der Fahrtrichtung angeordnet.

Die weiteste Verbreitung erfuhr wohl in den siebziger Jahren das Unimog-Baumuster 416 mit direkt hinter der Fahrerkabine liegenden Quersitzen. Das größere Fassungsvermögen

W-TLF 1700
Unimog BM 416 (U 125) · Aufbau Sides · Morestel/Frankreich · FP Motorpumpe Sides (500 l/min bei 10 bar), W 1700 l, Besatzung 1 + 3 (zwei offene Sitzplätze entgegen der Fahrtrichtung hinter dem Fahrerhaus).

W-TLF 800
Unimog BM 421 · Aufbau Maheu-Labrosse · SDI de Var/Frankreich · FPH Typ 35000 (500 l/min), W 800 l, Besatzung 1 + 1.

W-TLF 1700 (CCF 2000) Unimog BM 416 (U 1100L) · Aufbau Camiva · Feuerwehr Lannion · Bei diesem Fahrzeug wurde die zweisitzige Serienkabine um einen Mannschaftsraum für 2 Feuerwehrmänner erweitert.

W-TLF 1700 (CCF 2000) Unimog BM 416 (U 1100 L) · Aufbau Camiva · Frankreich · FPH Camiva CH 90/3 (1000 l/min bei 10 bar und 250 l/min bei 36 bar), W 1700 l, Besatzung 1 + 3, zwei Längssitze.

W-TLF 1700 (CCF 2000) Unimog BM 416 (U 1100 L) · Aufbau Camiva · Frankreich · FP Motorpumpe Camiva MPP 750-10 (750 l/min bei 10 bar), W 1700 l, Besatzung 1 + 3, zwei Längssitze.

W-TLF 1700 (CCF 2000) Unimog BM 416 (U 1100L) · Aufbau Camiva · Frankreich · FP Motorpumpe Camiva MPP 750-10, W 1700 l, Besatzung 1 + 3 (zwei Längssitze zusätzlich im verlängerten Fahrerhaus).

W-TLF 2300 Unimog BM 416 (U 1100 L) · Aufbau Technamm · Korsika.

W-TLF 2300 (CCFM Luberon) Unimog BM 417 (U 1150 L) · Aufbau Technamm · SDI Vaucluse (Frankreich) · FPH Ruberg R 18 (1000 l/min bei 15 bar), W 2300 l, Besatzung 1 + 3, Bj. 1990.

für Wasser kam bei diesem WTLF durch die flache und über die gesamte Fahrzeugbreite reichende Bauweise des Löschwasserbehälters zustande, wodurch sich auch eine günstige Schwerpunktlage ergab.

Feuerpatschen, Spaten, Schläuche und andere Ausrüstungsteile fanden ihren Platz meist auf der Tankoberseite. Aber oft wurde auch noch auf diese kärgliche Beladung verzichtet, da das Löschwasser im Pendelverkehr jeweils über größere Entfernungen herangeholt oder direkt von Tankzügen übernommen werden muß und die Unimog-WTLF somit nur das Ablöschen schwer zugänglicher Brandstellen übernehmen.

Andere WTLF wiederum verfügen über offene oder geschlossene Gerätefächer für Schläuche und Armaturen, die den Aufbau einer Löschwasserförderstrecke erlauben.

Der Übergang in die achtziger Jahre brachte einerseits die ersten WTLF auf den Unimogs der schweren Baureihe und andererseits die Einführung spezieller Mannschaftskabinen. Die Unterbringung zweier Besatzungsmitglieder im verlängerten, meist viertürigen Fahrerhaus, machte die offenen Quersitze überflüssig. Für die Herstellung der kurzen Mannschaftskabinen zeichnet die Firma St. Aubert verantwortlich.

Für die Unimog-Baumuster 437 hat dieses Unternehmen fünf- bzw. siebensitzige Mannschaftsräume auf der Grundlage des Normalfahrerhauses entwickelt. Analog zur viersitzigen Kabine des U 1100 L fertigt St. Aubert eine ähnliche Ausführung für das Baumuster 417 (U 1150 L).

Die feuerwehrtechnischen Aufbauen werden von den Firmen Camiva, Sairep, Sides und Technamm nach Kundenwunsch, meist baukastenartig, zusammengestellt.

W-TLF 1600 Unimog BM 417 (U 900) · Aufbau Sairep · SDI Gard/Frankreich · FP Motorpumpe Camiva MPP R 8 S (750 l/min bei 10 bar), W 1600 l, Besatzung 1 + 1, Bj. 1990.

W-TLF 1800
Unimog BM 435 (U 1300 L) · Aufbau Sides · Moselle (Frankreich) · FP Sides (750 l/min bei 15 bar).

W-TLF 1800
Unimog BM 437 (U 1550 L/37) 125 kW/170 PS · Aufbau Sairep · SDI Aveyron · FP Motorpumpe Sairep R 8 S (750 l/min bei 10 bar), W 1800 l, Besatzung 1 + 3 (max. 7 Feuerwehrleute), Bj. 1990. Die französische Firma Aubert baut auf der Grundlage serienmäßiger Fahrerkabinen die kurzen viertürigen Mannschaftskabinen.

W-TLF 2200
Unimog BM 437 (U 1550 L/37) 125 kW/170 PS · Aufbau Camiva · Frankreich · FP Motorpumpe Camiva MPP R 8 S (750 l/min bei 10 bar), W 2 200 l, Besatzung 1 + 3 (max. 7 Mann), Bj. 1990.

W-TLF 2000
Unimog BM 435 (U 1300 L) · Aufbau Camiva · SDI Alpes Maritimes (Frankreich) · FPH Camiva CH 90/3, W 2 000 l, Besatzung 1 + 4.

Zur Grundausstattung der französischen WTLF gehören Vorbauseilwinden und Sprühdüsen für den Schutz des Wagens gegen Gras- und Bodenfeuer. Diese Fahrzeugselbstschutzanlage hat die Firma Technamm auf die ganze Aufbauoberseite ausgedehnt.

Die Fahrgastzelle ist dazu rundum mit einer Astabweiserkonstruktion aus Stahlrohr umgeben, die gleichzeitig als Wasserzuführung zu den integrierten Düsen fungiert. Der austretende Wasserschleier mindert die Wärmestrahlung und kühlt die Karosserie. Fällt der an Bord befindliche Löschwasservorrat auf ein vorher bestimmtes Volumen, so warnt eine optisch/akustische Anlage die Besatzung, um den gesicherten Rückzug aus der Gefahrenzone oder zum Nachfüllen anzutreten.

W-TLF 2000
Unimog BM 437 (U 1550 L) · Aufbau Camiva · SDI Loire (Frankreich) · FPH Camiva CDL 60 (1 000 l/min bei 10 bar), W 2 000 l, Besatzung 1 + 3 (max. 7 Mann), Bj. 1989.

W-TLF 2000
Unimog BM 437 (U 1550 L/32) · Aufbau Sairep · SDI Ardeche (Frankreich) · FPH Sairep CDL 60 (750 l/min bei 15 bar), W 2 000 l, Besatzung 1 + 3 (max. 7 Mann), Bj. 1989.

W-TLF 2200
Unimog BM 437 (U 1550 L/37) · Aufbau Camiva · SDI Drome (Frankreich) · FPH Camiva CDS 60 (1 000 l/min bei 15 bar), W 2 200 l, Besatzung 1 + 3 (max. 7 Mann), Bj. 1989.

W-TLF 1800
Unimog BM 437 (U 1550 L) · Aufbau Sides · Frankreich · FPH Sides (750 l/min bei 15 bar), W 1800 l.

W-TLF 2200
Unimog BM 437 (U 1550 L) · Aufbau Technamm · Frankreich.

W-TLF 3200
Unimog BM 435 (U 1700 L) · Aufbau Sairep · Frankreich · FPH Sairep (1 000 l/min bei 15 bar und 200 l/min bei 40 bar), W 3 200 l, 2 Schnellangriffseinrichtungen mit 60 m-Hochdruckschlauch, Dachmonitor in Innenlenkerausführung, Bj. 1981.

W-TLF 1800 Unimog BM 435 (U1300 L) · Aufbau Camiva · Frankreich · FP Motorpumpe Camiva MPP 750-10, W 1800 l, Besatzung 1 + 2.

W-TLF 6000 Unimog BM 437 (U2150 L) · Aufbau Technamm · Frankreich · FPH Ruberg R 20 (1500 l/min bei 15 bar), W 6000 l, Besatzung 1 + 2, Bj. 1991. Fahrerkabine und Aufbau werden durch eine Selbstschutzanlage mit Sprühdüsen gegen auftretende Hitzestrahlung abgeschirmt.

Die flache Bauweise des Wasserbehälters und die daraus resultierende günstige Lage des Schwerpunktes kommen dem Fahrverhalten am Hang zugute.

Warneinrichtungen, die bei Erreichen einer Mindestfüllmenge optisch und akustisch alarmieren, und leistungsfähige Selbstschutzanlagen gewährleisten der Löschmannschaft einen rechtzeitigen und gesicherten Rückzug.

Waldbrandtanklöschfahrzeug auf Unimog BM 406 der französischen Forstverwaltung auf Korsika.

– IN BELGIEN

In Belgien verlief die Entwicklung in ähnlicher Weise wie in Frankreich. Nach den frühen WTLF der Nachkriegszeit auf Militärchassis bauten die Firmen Wasterlain und Landuyt die ersten Löschfahrzeuge auf dem Unimog S. Die noch offenen Aufbauten umfaßten einen Löschwassertank mit einem Fassungsvermögen von 1 000 bis 1 200 Liter, eine Kreiselpumpe am Heck, Schnellangriffseinrichtung und Sitzplätze neben dem Wasserbehälter.

Gegen Ende der sechziger Jahre vollzog sich der Übergang zum geschlossenen Gerätekofferaufbau. Anstatt der offenen Sitze waren nun zwei Einmannkabinen rechts und links vom Löschwasserbehälter im Aufbau integriert. Das WTLF der Firma Landuyt, dem belgischen Kooperationspartner des österreichischen Feuerwehrfahrzeug-Herstellers Rosenbauer (Linz), glich weitgehend dem österreichischen TLFA 1 200 auf Unimog S. Eine nicht gerade auffällige, aber gewichtige Abweichung stellten jedoch die beiden Dachluken über den Aufbaukabinen und die dazwischen liegende Löschwasserzuführung dar. Mittels kurzer Schlauchleitungen und Stahlrohre kann die Besatzung aus den Luken heraus das Feuer niederringen. Den Landuyt-Fahrzeugen folgten einige WTLF 1 000 von Wasterlain.

Ab Mitte der siebziger Jahre verdrängten die Unimog-Modelle U 125/416 bzw. U 1100 L, jeweils mit serienmäßiger Doppelkabine, den Unimog S.

Trotz der durch den Wechsel des Chassis bedingten strikten Trennung von Mannschafts- und Geräteaufbau blieb die Grundkonzeption der Waldbrandbekämpfungsfahrzeuge unangetastet. Über der hinteren Sitzbank angeordnete Dachluken und die Schnellangriffseinrichtungen mit zwei Hochdrucklöschpistolen erlauben, bei den bis heute produzierten WTLF 1200, weiterhin den Löscheinsatz vom fahrenden Wagen.

Darüber hinaus verfügen die belgischen WTLF noch über eine Hochdruckschnellangriffseinrichtung mit

W-TLF 1200
Unimog BM 404 B ·
Landuyt · Belgien.

60 Meter Schlauch am Heck. Das Herzstück eines jeden WTLF 1200 ist die kombinierte Normal-/Hochdruckpumpe. Die verlangte Förderrate bei 3 m geodätische Saughöhe liegt bei 1500 l/min und 7 bar, erreicht aber tatsächlich 2000 l/min. Die Hochdruckstufe leistet ca. 220 l/min bei 40 bar.

Seit 1974 sind mittlerweile verschiedene Versionen des WTLF 1200 gebaut worden. Zu nennen sind da die ersten Fahrzeuge mit komplettem Aufbau von Bachert, sowie die gleichartigen Modelle von Somati, die übrigens mit Bachert-Pumpen ausgestattet wurden.

W-TLF 2000
Unimog BM 416 (U 1100 L/ 34) · Somati · Belgischer Zivilschutz · Baujahr 1982.

W-TLF 1200
Unimog BM 416 (U 1100 L/ 34) · Somati · FF Fosses La Ville (Belgien) · Bj. 1982.

1979 folgten WTLF 1200 von Rosenbauer Belgium auf dem Unimog U 1100 L mit 2900 mm Radstand und im darauffolgenden Jahr erschienen vom gleichen Hersteller ebensolche Wagen mit 3400 mm Radstand. Den Abschluß dieser Reihe bilden die 1982 gefertigten WTLF 1200 auf U 1100 L/34 mit Somati-Ausrüstung.

Zwei weitere Waldbrandbekämpfungsfahrzeuge stehen im Dienst des belgischen Zivilschutzes. Die in blauer Farbe lackierten Unimogs mit zweisitzigem Normalfahrerhaus entsprechen ausrüstungsmäßig den WTLF 1200 und wurden von Somati hergestellt.

W-TLF 1200
Unimog BM 437 (U 1550 L/37) · Somati · Belgien · Dieses W-TLF 1200 ist die derzeit modernste Ausführung des belgischen Standard-Waldbrandtanklöschfahrzeuges. Vorbauseilwinde Braden HU8a, Bj. 1991.

W-TLF 1200
Unimog BM 416 (U 125) · Bachert · Belgien · Baujahr 1974/75.

– IN SÜDAFRIKA

Den Brandschutz in Südafrika übernehmen ausschließlich Berufs- und Werkfeuerwehren. Die hauptberuflich besetzten Feuerwachen liegen daher weit auseinander. Die gewünschten hohen Fahrgeschwindigkeiten begünstigten daher oft die Beschaffung eines amerikanischen Fabrikates mit starkem Benzinmotor. Auch britische Produkte fanden aufgrund traditioneller Bindungen zum Mutterland Verbreitung. Allradgetriebene Löschfahrzeuge werden meist auf Flughäfen und zur Bekämpfung von Buschfeuern verwendet, während ansonsten Chassis mit Straßenantrieb vorherrschen.

Bei den geländegängigen Fahrzeugen hält der Unimog mit rund 400 Exemplaren einen gewichtigen Marktanteil. Der Einsatz bei Wald-, Busch- und Grasbränden ist auch hier eine Domäne der Gaggenauer Wagen.

Im Gegensatz zu Ländern wie Deutschland und Frankreich existieren noch keine bindenden Vorschriften und Richtlinien über Löschwassermengen, Pumpenleistungen und Ausrüstung, so daß im einzelnen nach Kundenwunsch produziert wird.

Allerdings haben sich einige Eckdaten, die ein typisches Waldbrandbekämpfungsfahrzeug charakterisieren, durchgesetzt. Ein solches Standardmodell führt etwa 2 000 l Löschwasser mit, verfügt über eine Feuerlöschkreiselpumpe FP 16/8 mit Hochdruckstufe und zwei Schnellangriffseinrichtungen mit 40 m Hochdruckschlauch und AWG-Pistolenstrahlrohr.

Die löschtechnischen Aufbauten werden meist von südafrikanischen Feuerlöschgeräteherstellern unter Verwendung europäischer Komponenten erstellt.

Der flache, über die gesamte Fahrzeugbreite reichende, Tank verleiht dem Unimog-WTLF, dank der daraus resultierenden niedrigen Lage des Schwerpunktes, große Stabilität bei Hang- und Kurvenfahrten.

Die heckseitig offen montierten Pumpen stammen aus der Fertigung

Um das Jahr 1960 lieferte die Firma Total Tanklöschfahrzeuge in offener Bauweise, also ohne Karosserieverkleidung, an verschiedene ausländische Feuerwehren. Das abgebildete Fahrzeug verfügt über eine Selbstschutzanlage mit Sprühdüsen über dem Stoßbalken, einen Wasserbehälter mit rund 1 000 l Inhalt, 100 l Schaummittel, eine Heckpumpe Metz FP 8/8, eine Schnellangriffseinrichtung und zwei offene Sitzplätze rechts und links neben dem Pumpenraum. Eingesetzt hat dieses TLF das Department of Forestry in Duku Duku (Zululand, in der Nähe Mtubatuba), Südafrika. Übrigens wurde das W-TLF als Requisit bei den Dreharbeiten zu dem Film „Gold“ mit Roger Moore benutzt. Später entstand in ähnlicher Form das W-TLF „Lion Hunter“ von Rosenbauer/Südafrika.

W-TLF 1200
Unimog BM 416 (U 1100 L) · Aufbau Craftmen's Coach · Brandweer Pretoria/Südafrika · FPH Ziegler 16/8-2 HH (2200 l/min bei 8 bar und 300 l/min bei 40 bar), W 1200 l, 2 Schnellangriffseinrichtungen mit 40 m-HD-Schlauch. Die fünfsitzige Mannschaftskabine wurde von einem örtlich tätigen Karosseriebauer aus einer Normalkabine hergestellt.

△
Bei südafrikanischen Feuerwehren wurden auch Waldbrandbekämpfungsfahrzeuge mit amerikanischen John-Bean-Hochdruckpumpen in Dienst gestellt. Auch bei diesem W- TLF sind heckseitig zwei Sitze, die die Brandbekämpfung vom fahrenden Wagen ermöglichen, installiert. Der verwendete Unimog U 125/416 führt rund 2 000 l Löschwasser mit.

Bushfirefighter (W-TLF 2000) Unimog BM 416 (U 125 u. U 1100 L) · Aufbau Dawson & Frazer · Department of Forestry/Südafrika · FPH Bachert 16/8-2,5/40, W 2 000 l, 2 Schnellangriffseinrichtungen mit 40 m-HD-Schlauch mit FMC-Hochdrucklöschpistole, 2 Stehplätze neben der Pumpe. Das Department of Forestry verfügt über rund 40 dieser W-TLF 2000. Ähnliche Fahrzeuge sind mit Pumpen von Ziegler und Rosenbauer ausgestattet. Bei einigen Werkfeuerwehren dienen die W-TLF als Wasserzubringer.
▽

TLF 1700 Lion Hunter Unimog BM 416 (U 1100 L) · Aufbau Rosenbauer/Südafrika · Brandweer Kempton Park bei Johannesburg/Südafrika · FPH Rosenbauer R 165, W 1500 l, S 200 l. Die beiden heckseitig angeordneten Sitzplätze sind jeweils mit einem stabilen Astabweisergerüst, das den hier arbeitenden Feuerwehrmann vor schlagenden Ästen schützt, versehen.

W-TLF Lion Hunter im Einsatz.

von Bachert, Rosenbauer und Ziegler. Ebenso findet man John-Bean-Hochdruckpumpen. Oft sind neben der Pumpe noch Sitz- oder Stehplätze angeordnet, um die Brandbekämpfung vom fahrenden Fahrzeug aus zu ermöglichen.

Ein weiteres Standardmodell ist mittlerweile der in Südafrika entwikkelte und in größerer Zahl verkaufte Rosenbauer „Lion Hunter". Auf eine Karosserieverkleidung wurde bei diesem einfach und solide gestalteten Fahrzeug von vornherein verzichtet. Die wesentlichen Komponenten des „Lion Hunter"-Aufbaues sind:

- Ein schmaler, langgestreckter Löschwasserbehälter aus rostfreiem Stahl über dem Chassisrahmen.
- Eine kombinierte Normal-/Hochdruckpumpe vom Typ R 165, Leistung 1200 l/min bei 8 bar und 250 l/min bei 40 bar am Heck.
- Sitzplätze auf jeder Seite neben der

TLF 1700 Lion Hunter Unimog BM 416 (U 1100 L) · Aufbau Rosenbauer/Südafrika · Brandweerdiens S.A.L.M./Südafrika · FPH Rosenbauer R 165 (1200 l/min bei 8 bar und 250 l/min bei 40 bar), W 1700 l, Schnellangriffseinrichtungen rechts und links mit je 60 m-HD-Schlauch (⌀ 19 mm), Besatzung 1 + 3.

Pumpe. Jeder Platz wird durch ein stabiles Astabweisergerüst geschützt.

- Je Fahrzeugseite eine Schnellangriffseinrichtung mit 60 m Hochdruckschlauch (⌀ 19 mm) und Ne-Pi-Ro-Löschpistole.
- Beidseitig je ein mit Jalousien verschlossener Geräteraum.

Zur weiteren Ausrüstung gehören die Sprühdüsen der Fahrzeugselbstschutzanlage und die Vorbauseilwinde. Mit integriertem Schaummittelbehälter und zusätzlichem Monitor kann der „Lion Hunter" auch als Vorauslöschfahrzeug in der chemischen Industrie zum Einsatz kommen. (Siehe Seite 90).

W-TLF 2000 ▷ Unimog BM 417 (U 1150 L) · Aufbau Cimasa · Brasilien · FPH Rosenbauer NH 20 (1800 l/min bei 10 bar und 250 l/min bei 40 bar), W 2 000 l, 2 Schnellangriffseinrichtungen mit je 50 m Hochdruckschlauch, Monitor Cimasa CAM 1000 1600 l/min, Besatzung 1 + 3, Bj. 1992. Dieses W-TLF ist in seiner Grundkonzeption identisch mit dem Rosenbauer „Lion Hunter". Typgleiche Fahrzeuge stehen bei Feuerwehren in Nigeria und Griechenland in Dienst.

W-TLF 8/20 Forcer Unimog BM 416 (U 1100 L) · Aufbau Ziegler · Malawi · FPH Ziegler 8/8-2 HH (1800 l/min bei 8 bar und 300 l/min bei 30 bar und 250 l/min bei 40 bar), W 2600 l, 2 Schnellangriffseinrichtungen mit 50 m-HD-Schlauch (Ø 20 mm), Ausstoß 70 – 80 l/min bei 30 bar, Besatzung 1 + 1 + 2, Bj. 1986. Rechts und links neben der Heckpumpe befindet sich jeweils ein mit Fallbügel gesicherter Sitz, von dem aus das Feuer bekämpft werden kann. Über dem niedrig gehaltenen Tank ist ein Geräteraum für Schläuche und Armaturen montiert.

– IN ALLER WELT

Natürlich verfügen auch Feuerwehren und Forstverwaltungen anderer Länder über spezielle Geräte und Fahrzeuge für die Waldbrandbekämpfung. Zum nicht geringen Teil orientieren sich die zuständigen Dienststellen an andererseits bewährten Konstruktionen. So zeigen die in Griechenland eingesetzten Geräte alle charakteristischen Merkmale eines normalen Tanklöschfahrzeuges.

Bei den WTLF der Forstbehörde in der benachbarten Türkei sind dagegen deutliche Parallelen zum südafrikanischen „Lion Hunter" zu entdekken. Allerdings entfielen hier die offenen Hecksitze zugunsten einer serienmäßigen Doppelkabine.

W-TLF 2000 Unimog BM 437 (U 1750 L) · Aufbau TEMAX · Griechische Forstverwaltung · FPH Rosenbauer R 165, W 2 000 l, 2 Schnellangriffseinrichtungen mit 60 m-HD-Schlauch (∅ 25 mm), Besatzung 1 + 2, Bj. 1991.

W-TLF 2000
Unimog BM 427 (U 1000) · Aufbau Truckoman, Ausrüstung Rosenbauer · Forest Fire Service, Zypern (2 W-TLF) · FPH Rosenbauer NH 20 (1200 l/min bei 10 bar und 250 l/min bei 40 bar), Pumpe während der Fahrt zuschaltbar, W 2000 l, Schnellangriffseinrichtung (60 m-HD-Schlauch), Dachmonitor in Innenlenkerausführung RM 60 I (Leistung 1600/800 l/min, Wurfweite 63/40 m).

W-TLF 2000
Unimog BM 427 (U 1250) · Aufbau Truckoman, Ausrüstung Rosenbauer · Forest Fire Service, Zypern · FP Rosenbauer R 120 (1200 l/min bei 10 bar), W 2000 l, Schnellangriffseinrichtung 60 m-HD-Schlauch, Monitor RM 8 M auf dem Aufbau (Leistung 800 l/min, Reichweite 40 m). Der gesamte feuerwehrtechnische Aufbau ist demontierbar. Im Winter wird der Unimog bei der Schneeräumung eingesetzt.

Eine in mehreren Ländern eingesetzte Variante des WTLF basiert auf dem Unimog-Pritschen-Lkw. Der Löschwassertank ist in Fahrzeugmitte auf der Ladefläche befestigt. Zwischen den Tank- und Ladebordwänden verbleibt genügend Raum für eine umfangreiche Beladung. Die Kreiselpumpe ist samt Schnellangriffseinrichtung am Heck montiert oder lagert „midships“ unter der Pritsche.

Feuerwehren in wärmeren Klimazonen, auch in Südeuropa, haben in ihrem Fuhrpark nicht selten Tanklöschfahrzeuge mit zusätzlichen offenen Sitzmöglichkeiten außerhalb der Fahrerkabinen.

Eine strenge Trennung von normalen Tanklösch- und speziellen Waldbrandbekämpfungsfahrzeugen ist bei den ausländischen Baumustern meist nicht möglich. Außerdem kommen die Wagen ohnehin für Einsätze in Stadt und Umland in Frage.

Die italienische Firma Giletta hat für verschiedene Unimog-Baureihen einen abnehmbaren Waldbrandbekämpfungscontainer hergestellt.

Waldbrandbekämpfungsfahrzeug der Shintoku Fire Station, Hokkaido auf Unimog U 1400. Im Aufbau integriert sind der Löschwasserbehälter (500 – 600 l), zwei Sitzplätze am Heck und die beidseitigen Geräteräume. Die vordere Anbauplatte erlaubt die Montage von Schneeräumschild oder Keilschneepflug für den Winterdienst.

W-TLF 8/20 Forcer Unimog BM 417 (U 1150 L) · Aufbau Ziegler · China · FPH Ziegler 8/8-2 HHU, W 2 000 l, Besatung 1 + 1 + 2, Monitor Wasser/Schaum, Bj. 1988.

W-TLF 1800 Unimog BM 435 (U 1300 L) · Aufbau Hebra Brand · Ljusdal/Schweden · FP Tragkraftspritze (2 000 l/min), W 1800 l, Besatzung 1 + 2, Bj. 1983. Die direkte Waldbrandbekämpfung ist von zwei Sitzen mit Sicherheitsbügel aus möglich. Eine tragbare Motorspritze (400 l/min) und zusätzliche Schläuche und Armaturen vervollständigen die Ausrüstung.

W-TLF 1300
Unimog BM 416 (U 1100 L) · Aufbau TEMAX · Laurion/ Griechenland · FPH Rosenbauer R 165 (Typ 65000), W 1300 l, Besatzung 1 + 4.

W-TLF 1500
Unimog BM 416 (U 125) · Aufbau Metz · Israel · FPH Metz 8/8 (mit Hochdruckstufe 30 bar), W 1500 l, 2 Schnellangriffseinrichtungen, Besatzung 1 + 1.

W-TLF 1500
Unimog BM 416 (U 1100 L) · Aufbau Luda Instalaciones/Argentinien · FF General Rodriguez (Ortsname)/Argentinien · FPM Luda Hochdruckpumpe AP-450 hinter dem Fahrerhaus montiert (900 l/min bei 8 bar, 450 l/min bei 40 bar, 400 l/min bei 50 bar), W 1500 l, 2 Schnellangriffseinrichtungen mit 40 m-HD-Schlauch, Besatzung 1 + 5 (Sitzbank für 4 Feuerwehrmänner, geschützt durch ein stabiles Astabweisergerüst).

W-TLF 1500
Unimog BM 416 (U 1100 L) · Aufbau Tecin-Rosenbauer/Argentinien · FF San Pedro Sula/Honduras · FPH Rosenbauer R 165 (1400 l/min bei 10 bar und 400 l/min bei 40 bar), W 1500 l, 2 Schnellangriffseinrichtungen, Besatzung 1 + 1, Bj. 1990.

W-TLF 1300
Unimog BM 416 (U 1100 L) · Aufbau Tecin-Rosenbauer/Argentinien · BF Buenos Aires/Argentinien · FPH Rosenbauer R 165, W 1300 l, Besatzung 1 + 5.

W-TLF 2200
Unimog BM 417 (U 1150 L) · Aufbau Rosenbauer Española · Vorführfahrzeug, heute Kuwait City.

W-TLF 2300
Unimog BM 417 (U 1150 L) · Aufbau Saval-Kronenburg/Spanien · Spanien · FPH Saval Kronenburg HY (2 400 l/min bei 8 bar und 225 l/min bei 35 bar), W 2 300 l, Schnellangriffseinrichtung mit 40 m-HD-Schlauch, Besatzung 1 + 1.

W-TLF 3000
Unimog BM 435 (U1700 L) · Aufbau Rosenbauer Española · BF Andorra.

W-TLF 3000
Unimog BM 437 (U2150 L) · Aufbau Saval Kronenburg/Spanien · Bilbao/ Spanien.

△
W-TLF 16/20-2
Unimog BM 435 (U 1700 L) · Aufbau Ziegler · Türkei (6 W-TLF) · FPH Ziegler 16/8-2 HH, W 2 000 l, S 200 l, Besatzung 1 + 6, Bj. 1986.

◁
W-TLF 16/20-2
Unimog BM 435 (U 1300 L) · Aufbau Rapid · Türkei (10 W-TLF) · FPH Ziegler 16/8-2 HH, W 2 000 l, S 200 l, Besatzung 1 + 6, Bj. 1987.

*W-TLF 800
Unimog BM 404 · Aufbau
Metz · Frankreich · FPH
Metz 8/8, W 800 l, 1 Schnell-
angriffseinrichtung 30 m,
Besatzung 1 + 1, Bj. 1956.*

*W-TLF 8/28-1,5
Unimog BM 416 (U 1100 L)
· Aufbau Ziegler · Algerien ·
FPH Ziegler 8/8, W 2 800 l,
S 150 l, Monitor Wasser/
Schaum 1 200 l/min, Besat-
zung 1 + 1, Bj. 1979.*

W-TLF 2000
Unimog BM 416 (U 1100 L) · Aufbau Rosenbauer · Venezuela · FPH Rosenbauer R 140 (1300 l/min bei 8 bar und 250 l/min bei 40 bar), W 2000 l, 2 Schnellangriffseinrichtungen, Besatzung 1 + 1.

W-TLF 1800
Unimog BM 416 (U 1100 L) · Aufbau Rosenbauer · Feuerwehr Askøy/ Norwegen · FPM (Pumpe unter der Pritsche montiert) Rosenbauer R 120 (1600 l/min bei 8 bar), W 1800 l, 2 Kleintragkraftspritzen RK 20, Besatzung 1 + 1. Um den Löschwassertank herum kann die löschtechnische Beladung in beliebiger Weise angeordnet werden. ▽

W-TLF 1250
Unimog BM 416 (U 1100 L) · Aufbau Rosenbauer · Schweden · FPM Rosenbauer R 120, W 1250 l, Besatzung 1 + 1.

W-TLF 2000
Unimog BM 416 (U 1100 L) · Aufbau Tecin-Rosenbauer · Senegal · FP Motorpumpe Wajax Mark 3, W 2 000 l.

Rosenbauer Waldbrandtanklöschfahrzeug auf Unimog U 1300 L mit stationärer Tragkraftspritze in Algerien.

W-TLF 800
Unimog BM 411 (U 30) · Aufbau Platz · Senegal · FP zapfwellengetriebene 3-Kolben-Pumpe vom Typ Platz Drilling I (60 l/min) mit einem regulierbaren Druck bis zu 50 bar. Die Brandbekämpfung erfolgte über kurze Hochdruckschläuche mit angekuppelten Sprühstrahlrohren, die auch für die Ausbringung von Pflanzenschutzmitteln verwendet wurden. Ein stabiles Astabweisergerüst schützte Fahrerhaus und Aufbau gleichermaßen. Für ein Einsatzfahrzeug unentbehrlich: Die optisch-akustische Signaleinrichtung (Kojak-Sirene). Auf dem Einachsanhänger wurden Helfer und Geräte befördert.

Pflanzenschutzgeräte im Dienste der Feuerwehr

Für den Unimog, einst als landwirtschaftliches Nutzfahrzeug konzipiert, wurden im Laufe der Jahre zahlreiche An- und Aufbaugeräte für dieses Anwendungsgebiet hergestellt. Normalerweise finden solche zweckgebundenen Ausrüstungen nur Anwendung in ihrem Aufgabenbereich. Eine anderweitige Nutzung ist auch kaum möglich. Aber von jeder Regel gibt es Ausnahmen.

Unter den bereits in den fünfziger Jahren serienmäßig lieferbaren Zusatzaggregaten befinden sich Vorrichtungen für die Schädlingsbekämp-

W-TLF 3000
Unimog BM 424 (U 1250) · Aufbau Rau · Mauretanien · FP hydraulisch über Unimog-Nebenabtrieb betätigte selbstansaugende 3-Kolben-Pumpe (72 l/min bei einem Druck von 60 bar), selbsttragender Wassertank 3 000 l Fassungsvermögen, Löschangriff über drei Hochdruckschläuche (10 m) mit angekuppelten Hochdruckspritzpistolen SMP 1-1. Das W-TLF 3000 dient hauptsächlich der Herstellung und Befeuchtung von Brandschneisen. Die dazu notwendigen Erdbearbeitungsgeräte können am heckseitigen Dreipunktkraftheber eingeklinkt werden. Besatzung 1 + 2.

W-TLF 2000
Unimog BM 416 (U 1100 L) · Aufbau Technamm · Korsika/Frankreich · Dieses einfach gestaltete W-TLF entspricht weitgehend einem Pflanzenschutzmittelsprühfahrzeug. Der Aufbau setzt sich aus einem Kunststofftank, einer Kleinkraftspritze, einer Schnellangriffseinrichtung und einem ausklappbaren Doppelausleger mit Sprühdüsen. In dieser Ausführung ist sowohl ein normaler Einsatz als Tanklöschfahrzeug möglich als auch die Ausbringung von Lösungen mit brandhemmenden Chemikalien, die für die Herstellung von Brandschneisen benutzt werden. ▷

fung. Der heutige Oberbegriff lautet Pflanzenschutzgeräte. Die Aufgabe dieser Anlagen besteht hauptsächlich im gezielten Auftragen von flüssigen oder festen Mitteln mit schützender und wachstumsfördernder Wirkung auf landwirtschaftlich genutzten Flächen.

Verschiedene Firmen entwickelten Spezialgeräte, die sich im wesentlichen aus einem Vorratsbehälter für das auszubringende Mittel, einer zapfwellengetriebenen Hochdruckpumpe und der Sprühvorrichtung zusammensetzt. Ausklappbare Ausleger mit Düsen erlauben das flächendeckende Versprühen von Lösungen verschiedenster Art. Die Hochdruckpumpe erzeugt den für die Zerstäubung nötigen Druck. Mit Hilfe besonderer Sprührohre können auch Obstbäume und andere Gehölze bearbeitet werden.

Das Grundkonzept dieser Anlagen entspricht somit dem eines normalen Tanklöschfahrzeuges. Insbesondere das Vorhandensein einer Hochdruckpumpe veranlaßte einige Behörden zur Beschaffung von Pflanzenschutzgeräten für die Buschbrandbekämpfung. In Dienst gestellt wurden solche Fahrzeuge bisher in Frankreich, Mauretanien und im Senegal.

LÖSCHGRUPPENFAHRZEUGE

Die ersten leichten Löschgruppenfahrzeuge entstanden Mitte der dreißiger Jahre auf Initiative des Reichsluftfahrtministeriums für den Sicherheits- und Hilfsdienst. Die für Einsätze im Luftschutzdienst konzipierten Kraftzugspritzen KzS 8 befriedigten aber nicht voll die in sie gesetzten Erwartungen, so daß ab 1940 das „Leichte Löschfahrzeug" LLF Gestalt annahm. Ab 1943 erhielt das nunmehr genormte Modell die Typkennung LF 8. Nach dem Ende des Krieges wurde das LF 8 unverändert weitergebaut.

Der Unimog vom Typ U 25 kam wegen mangelnder Transportkapazität als Fahrwerk für ein genormtes Löschgruppenfahrzeug nicht in Frage, obwohl in einigen Fällen mittels abnehmbarer Geräteaufsätze eine ganze Löschgruppe (1+8) befördert werden konnte. Allerdings ging die große Zahl mitfahrender Feuerwehrleute zu Lasten der schon spärlichen Beladung. Daher hatten die Löschwagen auf dem U 25 meist eine Stammbesatzung von 6 oder maximal 8 Mann.

Erst mit der Einführung des Unimog S ließen sich größere Mannschafts- und Geräteaufbauten planen. Aber trotzdem dauerte es noch rund 8 Jahre bis das erste Löschgruppenfahrzeug ausgeliefert wurde.

Entwickelt wurde das LF 8-TS in Zusammenarbeit der Metz, Karlsruhe und der Firma Daimler-Benz, Gaggenau. Der nachstehend auszugsweise abgedruckte Pressetext beschreibt die wesentlichen Merkmale des neuen Normfahrzeuges:

LF 8-TS (Heckbeladung) Unimog BM 404 B · Aufbau Metz · FF Titisee · Mit diesem 1963 gefertigten Wagen nahm Metz die Produktion von Unimog-Löschgruppenfahrzeugen auf.

»Die Verwendung des Unimog-S-Fahrgestells für LF 8-TS-Fahrzeuge war naheliegend, vor allem wegen seiner nutzbaren Geländegängigkeit in gebirgigen und weglosen Gegenden.

Die verfügbare Motorleistung von rund 16 PS pro Tonne bei einem Fahrzeuggesamtgewicht, das bei rund 5 000 kg liegt, gibt dem Fahrzeug das hohe, für moderne Löschfahrzeuge erforderliche Beschleunigungsvermögen, zu dem die hohe Drehzahl des Motors und auch die günstige Stufung des Sechs-Gang-Getriebes besonders beiträgt. Die kleinste Marschgeschwindigkeit von 1,5 km/h und die Straßenhöchstgeschwindigkeit von 95 bis 100 km/h gestattet dem Fahrer, sich allen Verkehrsverhältnissen anzupassen und das Ziel schnell zu erreichen.

Die relativ kurze und niedrige Bauart des Fahrzeuges sowie die niedrige Schwerpunktlage sprechen für eine relativ hohe Kurvengeschwindigkeit und gewähren die für Löschfahrzeuge notwendige Fahrsicherheit.

Der Aufbau wurde nach modernen technischen Richtlinien entwickelt und auf die Beanspruchung im Gelände abgestimmt; er ist nur in drei Punkten verwindungsfrei, d. h. auch verspannungsfrei, mit dem Fahrgestell verbunden.

Die motorseitig verfügbare hohe Antriebsleistung läßt auch die Verwendung der einstufigen Feuerlöschpumpe mit einer maximalen Förderleistung von 2 000 l/min bei einer Förderhöhe von 80 mWS (8 bar) und einer Saughöhe von 1,5 m zu. (Diese Feuerlöschpumpe wurde für den zivilen Bevölkerungsschutz entwickelt.)

Das Fahrzeug entspricht den Allgemeinen Richtlinien für Löschfahrzeuge nach DIN 14530 sowie den Baurichtlinien für LF 8-TS-Fahrzeuge.

Insgesamt ist diese Neuentwicklung, die im übrigen bei den Freiwilligen Feuerwehren Titisee, Königstein (Taunus) sowie Altsimonswald schon in Dienst gestellt wurde, allen Freiwilligen Feuerwehren zu empfehlen, die ein leistungsstarkes und außerdem geländegängiges Fahrzeug für den Einsatz in gebirgigen und waldreichen Gegenden benötigen und dafür entsprechende Aufwendungen machen müssen. “

Ein Löschgruppenfahrzeug LF 8 auf dem Sauberg, einem Testgelände bei Gaggenau mit dem Mercedes-Werk (Mitte), in dem der Unimog gebaut wird.

Vor der allgemeinen Einführung wurde das Unimog-Löschgruppenfahrzeug umfangreichen Erprobungen unterzogen. Den Testfahrten im Gelände folgte eine eingehende Prüfung der Vorbaupumpe und des Antriebes. Unter anderem bestand die Pumpenanlage einen 72-stündigen Dauerlauf bei einer Saughöhe von 4 m ohne Schwierigkeiten.

Mit kleineren Detailveränderungen, wie größeren Fenstern in den Mannschaftsraumtüren, wurden die LF 8 bis in die siebziger Jahre hinein hergestellt.

Nach der Einführung des neuen Unimog 1300 L mit einem Radstand von 3700 mm wurde im Jahr 1979 auf der IAA in Frankfurt erstmals ein LF 8 auf der schweren Unimog-Baureihe präsentiert.

Dieser von der Firma Metz gefertigte Prototyp wies noch eine deutlich angesetzte Mannschaftskabine auf. Die Serienfahrzeuge erhielten anschließend wieder durchgängige Fahrer- und Mannschaftsräume. Auch die anderen Feuerwehrgerätehersteller in Deutschland haben Löschgruppenfahrzeuge in ähnlicher Manier geliefert.

Ein seltenerer Typ ist das LF 16-TS auf Unimog. Diese Version ist äußerlich an der zusätzlichen Schiebleiter auf dem Dach erkennbar und hat ein zulässiges Gesamtgewicht von 9000 kg. Somit kann der Wagen nur mit dem Führerschein Klasse II gefahren werden.

LF 8-TS (Seitenbeladung) Unimog BM 404 B · Aufbau Metz · Deutschland · Ebenfalls 1963 wurde ein LF 8-TS mit Seitenbeladung hergestellt. Der hintere Geräteraumtürflügel weist hier noch einen Absatz auf, der den Verlauf des Innenraumbodens über dem Radkasten wiedergibt.

LF 8-TS Unimog BM 404 B · Aufbau Metz · FF Ascheberg/ Holstein · Die ab 1964 gebauten LF 8-TS verfügten alle über Geräteraumtüren mit gerader Unterkante.

LF 8-TS Unimog BM 404 B · Aufbau Metz · FF Lüdenscheid-Hommert · Das 1967 gelieferte Fahrzeug entspricht weitgehend der Ausführung aus dem Jahr 1963, jedoch wurden nunmehr größere Fenster in die Mannschaftsraumtüren eingesetzt.

LF 8 (Seitenbeladung) Unimog BM 404 B · Aufbau Metz · WF Wacker Chemie GmbH · Mit Beginn der siebziger Jahre wurden die Löschgruppenfahrzeuge mit einem verstärkten Dach aus Riffelblech versehen.

LLFA (Leichtes Löschfahrzeug mit Allradantrieb) Unimog BM 404 B · Aufbau Rosenbauer · FF Reichraming/Österreich · FPV Rosenbauer R 120 (1200 l/min bei 10 bar). Besatzung 1 + 7.

LLFA (Leichtes Löschfahrzeug mit Allradantrieb)
Unimog BM 404 B · FF Scheffau/Österreich · FPV Ziegler 8/8 · Bj. 1972.

LLFA
Unimog BM 404 B · Aufbau Pacher · FF Obervellach/Österreich · FPV Metz 8/8 · Bj. 1960.

LLFA
Unimog BM 404 B · Aufbau Strasser · FF Neumarkt-LZ Pfongau/Österreich · Das LLFA wurde 1975 auf der Grundlage eines Unimog S der deutschen Bundeswehr erstellt.

LFA (Löschfahrzeug mit Allradantrieb)
Unimog BM 416 · Aufbau Seidl · FF Sankt Gilgen-LZ Abersee/Österreich · Bj. 1979 (Aufbau).

Löschfahrzeug
Unimog BM 404 B · Aufbau Nummela Oy, FF Salla-Lappland/Finnland · FPV Rosenbauer R 120 (1200 l/min bei 10 bar) · Bj. 1964.

LFA (Löschfahrzeug mit Allradantrieb)
Unimog BM 416 (U 125) · Aufbau Rosenbauer · FF Sankt Gilgen/Österreich · Rosenbauer setzte mit Fahrzeugen dieser Bauart die Reihe der LLFA auf Unimog S fort.

LFA (Löschfahrzeug mit Allradantrieb)
Unimog BM 435 (U 1300 L) · Aufbau Rosenbauer · FF Puch-LZ Sankt Jakob/ Österreich · Nach Einführung der schweren Unimog-Baureihen wurden statt der Mannschaftsräume im Kofferaufbau durchgängige Fahrer- und Mannschaftskabinen verwendet.

LLFA
Unimog BM 435 (U1300L) · Aufbau Marte · FF Neukirchen/Österreich · Bj. 1980.

LF 8
Unimog BM 435 (U1300L) · Aufbau Metz · FF Stockelsdorf · Dieses LF 8 wurde 1979 als Prototyp gebaut und auf der IAA 1979 in Frankfurt gezeigt.

LF 8
Unimog BM 435 (U 1300 L) · Aufbau Metz · FF Fischbachau · Serienausführung · Bj. 1981.

LF 8
Unimog BM 435 (U 1300 L) · Aufbau Metz · Deutschland · Serienausführung.

LF 8
Unimog BM 435 (U 1300 L) · Aufbau Ziegler · Deutschland.

LF 8
Unimog BM 435 (U 1300 L) · Aufbau Bachert · Deutschland.

LF 8
Unimog BM 435 (U 1300 L) · Aufbau Bachert · FF Engelthal · Bj. 1984.

LF 8
Unimog BM 435 (U 1300 L) · Aufbau Bachert · FF Buchenberg · Bj. 1986.

LF 8
Unimog BM 435 (U 1300 L) · Aufbau Bachert · Deutschland · Bj. 1981.

LF 8
Unimog BM 435 (U1300L) · Aufbau Schlingmann · FF Hameln.

LFA (Löschfahrzeug mit Allradantrieb)
Unimog BM 435 (U1300L) · Aufbau Rosenbauer · FF Bischofshofen/Österreich · FPV Rosenbauer R 120, Seilwinde Rotzler Treibmatic 050 (50 kN), tragbarer Generator (8 kVA), Tragkraftspritze TS 8, Tragkraftspritze TS 2/5, Besatzung 1 +8, Bj. 1986.

LF 16-TS
Unimog BM 435 (U1300L) · Aufbau Ziegler · Deutschland · Diese Version des LF 16-TS mit einem Gesamtgewicht von maximal 9 000 kg wurde nur relativ selten hergestellt.

PULVERLÖSCHFAHRZEUGE

Schon lange vor der Einführung des Unimog begann die Entwicklungsgeschichte der Pulverlöschautomobile. Die im Jahr 1912 gegründete Total Gesellschaft beschäftigte sich von Anbeginn ihrer Tätigkeit mit dem Bau und Vertrieb von Trockenfeuerlöschern. Nach dem ersten Weltkrieg wurden die ersten größeren Geräte mit einem Inhalt von 80 kg Löschpulver und 5 Meter langem Druckschlauch gefertigt.

Die Förderung des Pulvers über längere Schlauchstrecken war zu dieser Zeit noch nicht praktikabel. Ab 1921 unternahm Total aufwendige Versuche, um diesen Mangel zu beheben. Das Resultat dieser Experimente war eine automobile Trocken-Feuerspritze mit 300 kg Löschpulver und langer Angriffsschlauchleitung. Das Fahrzeug wurde 1924 nach Norwegen exportiert.

Gegen Ende der zwanziger Jahre folgte eine Automobilfeuerspritze mit 500 kg Löschpulver. Diese frühen Geräte funktionierten auch schon nach dem Prinzip der Pulverförderung durch Treibgas, wie es bei den noch heute gebräuchlichen Pulverlöschanlagen angewendet wird.

Nach Beendigung des zweiten Weltkrieges begann 1948 in Ladenburg die Produktion von Pulverlöschfahrzeugen auf der Basis von US Army Jeeps. Dabei wurden meist zwei kippbare Druckkessel für je 100 kg Inhalt montiert. In den frühen fünfziger Jahren entstanden dann Pulverlöschanlagen mit fest installierten Druckbehältern verschiedener Größe, wobei sich die Ausführung

TroLF 750 Unimog BM 404 (Vorserienausführung mit 2350 mm Radstand) · Aufbau Total · Deutschland · Das dritte Besatzungsmitglied, der Truppmann, fuhr auf einem offenen Sitz hinter dem Fahrer zum Einsatzort. Die Inbetriebnahme der Pulverlöschanlage erfolgte über einen Schalthebel im Fahrerhaus. Am Heck befanden sich die Kontrollarmaturen und die Betätigungshebel für die Schnellangriffseinrichtungen, Bj. 1955.

mit 750 kg Füllmenge, insbesondere auf dem Mercedes-Benz Unimog S, weltweit bewährte.

Die große Verbreitung verdankt das PLF 750 der universellen Verwendbarkeit des Pulverlöschverfahrens. Es erzielt vor allem bei drei- dimensionalen Bränden ausgezeichnete Löscherfolge. Mit einem dreidimensionalen Brand bezeichnet man im allgemeinen ein unter Flammenbildung verbrennendes Gas, wobei oft gewaltige Feuerbälle oder -wände entstehen. Außerdem treten diese Feuererscheinungen bei Flüssigkeiten, die brennbare Dämpfe freisetzen, auf. Diese Stoffe bilden daher außer flächigen Brandstellen auch solche, die sich über mehrere übereinanderliegende Ebenen erstrecken.

Das Löschmittel „Pulver“ bringt bei derartigen Bränden die Flammen zum Erlöschen, in dem es das für die Verbrennung notwendige Mengenverhältnis zwischen Brenn- und Sauerstoff stört. Diese erstickende Löschwirkung ist umso stärker, je dichter und kompakter die Pulverwolke in die Flammenzone gelangt.

Gleichzeitig nehmen die feinkörnigen Pulverteilchen, dank ihrer großen Oberfläche, einen Teil der entstandenen Verbrennungswärme auf und wirken somit auch abkühlend. Allerdings ist das Wärmebindungsvermögen gegenüber festen Materialien und großen Flüssigkeitsmengen so gering, daß die Abkühlung mit Hilfe anderer Löschmittel (Wasser o. Schaum) erfolgen muß, um Rückzündungen zu vermeiden.

Die Pulverlöschfahrzeuge kommen darum auf Flughäfen und in Betrieben der chemischen und mineralölverarbeitenden Industrie meist zu-

TroLF 750
Unimog BM 404 (Radstand 2 670 mm) · Aufbau Total · WF Erdölraffinerie Lingen, heute FF Holthausen · Die ersten Pulverlöschfahrzeuge auf serienmäßigen Unimog S wurden ab September 1955 an verschiedene Flughäfen, darunter die Airports der Städte Wien und Helsinki sowie die der französischen Luftwaffe, geliefert. Das abgebildete TroLF 750 erhielt zwischenzeitlich eine neue Motorhaube.

TroLF 750
Unimog BM 404 (Radstand 2 670 mm) · Aufbau Total · Deutschland · Ab 1956 wurden die Bedien- und Kontrollinstrumente der Pulverlöschanlage auf einer Schalttafel zusammengefaßt.

TroLF 750
Unimog BM 404 (Radstand 2 670 mm) · Aufbau Minimax · WF Flughafen Stuttgart · Bei dieser Aufbauversion war der Truppmannsitz zwischen den Schlauchkästen der Schnellangriffseinrichtungen angeordnet.

TroLF 750
Unimog BM 411 (U 30) Aufbau Total · Flughafen Innsbruck · Bj. 1959 (Aufbau).

TroLF 750
Unimog BM 404 B · Aufbau Total · Export · In Ausnahmefällen wurden die Pulverlöschanlagen für ausländische Kunden ohne Schalttafel, nur mit einem Bedienhebel für die Inbetriebsetzung, ausgeliefert.

TroLF 750
Unimog BM 404 B · Aufbau Minimax · Betriebsfeuerwehr IVG Unterhausen · Truppmannsitz zwischen den Schlauchkästen · Bj. 1965.

TroLF 750 △
Unimog BM 404 B · Aufbau Total · WF Flughafen Frankfurt · Vereinzelt wurden die Unimog-Löschfahrzeuge mit stabilen Front-Schutzgittern ausgestattet.

TroLF 750
Unimog BM 404 B · Aufbau Minimax · Deutschland.

TroLF 750 ▷
Unimog BM 404 B · Aufbau Minimax · BF Stuttgart · Die Berufsfeuerwehr Stuttgart beschaffte 1964 zwei Pulverlöschfahrzeuge mit geschlossenen Aufbaukarosserien. Das Fahrzeug ist zusätzlich mit einer Anbauplatte für hydraulisch betriebene Arbeitsgeräte nachgerüstet worden (siehe auch Seite 28).

TroLF 750
Unimog BM 404 B · Aufbau Total · FF Dorsten · Außer der Bundeswehr kauften der Bundesgrenzschutz und Feuerwehren Pulverlöschfahrzeuge mit dem Einheitskofferaufbau. Die Freiwillige Feuerwehr Dorsten erhielt 1963 ein solches Standard-Fahrzeug. ▷

sammen mit Tank- und Schaumlöschfahrzeugen zum Einsatz. Und obwohl die Internationale Zivilluftfahrt-Organisation ICAO Löschpulver nur als Ergänzungslöschmittel einstuft, hat das Pulverlöschverfahren gerade in diesem Bereich weltweit Verbreitung gefunden.

Neben Tanklager- und Pipelinegesellschaften haben auch zahlreiche Freiwillige und Berufsfeuerwehren PLF 750 beschafft. Unter dem Namen Trockenlöschfahrzeug 750 gehörte dieses Standardmodell seit April 1961 zu den zuschußfähigen Normfahrzeugen. Allerdings sind im deutschen Sprachraum weiterhin die gängigen Bezeichnungen Pulver- und Staublöschfahrzeug (in der Schweiz) zu finden.

Für die Montage der Pulverlöschanlagen benutzten die Feuerwehrgerätehersteller anfangs die Unimog S Baumuster 404.1 und ab 1972 404.0. Danach kamen zunehmend die Baureihen 416 (U 1100 L) und 435 (U 1300 L) in Gebrauch.

Die wesentlichen Bestandteile einer Pulverlöschanlage mit Standardaufladetechnik waren und sind noch heute:

1. Löschpulverbehälter

Das Löschpulver lagert in einem stehenden zylindrischen Druckbe-

TroLF 750 △
Unimog BM 404 · Aufbau Primus · Flughafen Sion/Schweiz · Das 1956 gefertigte Pulverlöschfahrzeug war ursprünglich bei der Flughafenfeuerwehr Genf in Dienst.

TroLF 750 mit angehängtem Leichtschaumgenerator LG 200
Unimog BM 404 B · Aufbau Total · FF Peine · Bj. 1963. ▽

TroLF 750 ▷
Unimog BM 404.0 · Aufbau Total · Betriebsfeuerwehr Fernleitungsbetriebsgesellschaft · Das Unimog-Baumuster 404.0 war ein Unimog S mit dem geräumigeren Fahrerhaus der Baureihen 406 und 416.

hälter, der gemäß deutscher Normen und Vorschriften für Druckgefäße gefertigt und geprüft wurde. Jeder Kessel ist mit Einfüllöffnung, Ablaßstutzen und Anschlüssen für die Treibgaszufuhr und der Löschpulverentnahme versehen. Beim Erreichen des maximalen Betriebsdruckes von 16 bar öffnet sich automatisch das Sicherheitsventil.

2. Druckaufladesystem

Direkt am Pulverbehälter ist das Druckaufladesystem, bestehend aus einer Flaschenlagerung für 1 oder 2 Druckgasflaschen mit Schnellschaltventilen und der Hochdrucksammelleitung, montiert.

Als Treibgas kommt meist Stickstoff oder getrocknete Preßluft in Betracht.

TroLF 750
Unimog BM 404.0 · Aufbau Minimax · Export.

TroLF 750
Unimog BM 416 (U 1100 L) · Aufbau Minimax/Metz · Iran · Bj. 1977.

Normalerweise ist der Inhalt einer Druckgasflasche (50 l Fassungsvermögen und 200 bar Fülldruck) ausreichend, um die Löschanlage zu entleeren und anschließend zu spülen. Mit Spülen wird das Ausblasen von Löschpulverresten aus Leitungen und Schläuchen bezeichnet.

Die Installation einer zweiten Treibgasflasche ist dann empfehlenswert, wenn bei dem anzunehmenden Ersteinsatz nur ein Teil des Löschmittels benötigt wird und somit für einen zweiten Einsatz bereitsteht. Durch das Umlegen eines Dreiwegehahnes ist die Reserveflasche sofort verfügbar.

Für Brandstellen fernab der Feuerwache kann diese Variante, die kein zwischenzeitliches Nachladen erfor-

TroLF 750 Unimog BM 416 (U125) · Aufbau Minimax · Betriebsfeuerwehr Kernkraftwerk Unterweser · Bj. 1976.

TroLF 750 Unimog BM 435 (U1300L) · Aufbau Total · Deutschland · Bj. 1981.

TroLF 750
Unimog BM 435 (U 1300 L) · Aufbau Total · WF Erdöl-raffinerie Neustadt · Bj. 1979.

dert, recht nützlich sein. Für den Export in Länder, in denen keine Druckgasflaschen mit 200 bar Fülldruck zulässig sind, werden zwei parallel geschaltete Flaschen für 150 bar Fülldruck geliefert. Statt des Dreiwegehahnes gelangt hier ein T-Verbindungsstück zum Einbau.

3. Kontroll- und Bedienungstafel

Bei den ersten Unimog-Pulverlöschfahrzeugen waren noch keine zentralen Schalt- und Bedienungstafeln vorhanden. Manometer und Schaltorgane befanden sich je nach Kundenwunsch an verschiedenen Positionen.

Die ab 1956 eingeführten Schalttafeln vereinigten alle für Überwachung und Inbetriebnahme der Anlage erforderlichen Instrumente und Betätigungshebel. Überwiegend ist die Bedienungstafel fahrerseitig am Druckbehälter befestigt. Aber auch die beifahrer- und heckseitige Montage kann auf Wunsch erfolgen.

4. Schnellangriffseinrichtung

Zur Ausbringung des Löschpulvers stehen üblicherweise zwei Schnellangriffseinrichtungen zur Verfügung. Wahlweise werden formbeständige (⌀ 32 mm) oder Faltschläuche (⌀ 42 mm) von jeweils 30 m Länge mit angekuppelten Pistolenstrahlrohren verwendet.

Das oftmals über längere Zeiträume im Druckkessel lagernde Löschpulver muß vor dem Einsatz erst in einen förderbaren Zustand versetzt werden. Diese Fließfähigkeit wird in kürzester Zeit durch die Vermischung von Löschpulver und Treibgas, das über spezielle Aufladeventile in den

TroLF 750 der WF Frisia-Raffinerie Emden mit Metz-Karosserie und Metz-Schaumtankanhänger STA 5000.

Druckbehälter strömt und das Pulver aus der Ruhelage reißt, erreicht.

Der Aufladevorgang bis zur Einsatzbereitschaft dauert etwa 12 bis 15 Sekunden. Danach steht der Pulverbehälter unter einem Druck von maximal 14 bar. Nach dem Öffnen der Pulverhähne dehnt sich das Pulver/Treibgasgemisch in Richtung der bisher drucklosen Bereiche, hier die Schlauchleitungen der Schnellangriffseinrichtungen, aus. Mit Hilfe der angekuppelten Löschpistolen kann das Löschpulver gezielt und dosiert gegen den Brandherd eingesetzt werden.

Den bei der Pulverabgabe eintretenden Druckabfall im Pulverbehälter gleicht das Drucksteuergerät durch ständige Treibgasnachlieferung aus, so daß während der gesamten Betriebsdauer ein ausreichender Arbeitsdruck vorherrscht. Trotz des sich verringernden Druckes bleibt die Ausstoßrate konstant bei 5 kg/s pro Löschpistole. Die erzielbare Wurfweite liegt zwischen 8 und 12 Metern.

Letztendlich beträgt die Ausstoßmenge etwa 95 % (die Norm verlangte 90 %) der Füllmenge. Nach Verlängerung der Angriffsleitung lassen sich sogar große Entfernungen zum Brandherd überbrücken. Bei Verwendung von 90 m C-42 Faltschlauch beträgt die zulässige Förderhöhe immerhin noch 18 m.

TroLF 750 im Einsatz.

SONDERAUSFÜHRUNGEN

Mit der stetigen Zunahme der Transportmengen und Produktionskapazitäten an brennbaren Flüssigkeiten, Gasen und Chemikalien wuchs auch das Gefahrenpotential rapide. Der Bekämpfung eines großflächigen Brandes allein mit den Schnellangriffseinrichtungen, bestehend aus 30 m Schlauch und Löschpistole, waren natürlich Grenzen gesetzt.

Um den gestiegenen Anforderungen, hinsichtlich Ausstoßraten und Wurfweiten, zu genügen, kamen ab Mitte der sechziger Jahre spezielle Pulverwerfer in Gebrauch. Damit wurde der Großeinsatz von Löschpulver bei Flugzeug- und Tankwagenfeuern sowie bei Bränden in den Produktionsanlagen der chemischen und mineralölverarbeitenden Industrie möglich.

Die in diesen Bereichen auftretenden Brände entwickeln aufgrund des meist sehr energiehaltigen Brennstoffes eine enorme Strahlenhitze, so daß die größere Wurfweite den eingesetzten Feuerwehrmännern einen gewissen Sicherheitsabstand zum Brandherd gestattet. Ebenso lassen sich Brände in hochliegenden Teilen der Produktionsstätten angreifen und löschen.

Für die Montage eines Pulverwerfers kommen in der Regel drei Positionen in Frage:

1. Pulverwerfer direkt auf dem Pulverbehälter.
2. Pulverwerfer direkt hinter dem Fahrerhaus.
3. Pulverwerfer auf dem Fahrerhausdach.

Beim Dachmonitor kann der Fahrer selbst die Bedienung mittels Innenlenkhebel übernehmen, ansonsten muß der Aufbau mit einem begehbaren Dach oder einer Standbühne für den Rohrführer ausgestattet sein. Heute lassen sich auch elektromotorisch betriebene Werfer, die unabhängig von der Montageposition aus dem Fahrerhaus gesteuert werden, installieren.

Mit der eigentlichen Pulveranlage ist das Unimog-Fahrwerk oftmals nicht ausgelastet. Leerräume und

TroLF 500
Unimog BM 411 (U 32) · Aufbau Minimax/Metz · WF Bosch Waiblingen · FPV Metz 8/8, · Bj. 1964.

TroLF 500
Unimog BM 404 B · Aufbau Minimax · Deutschland · FPV Metz 8/8 · Bj. 1964.

TroLF 500
Unimog BM 404 B · Aufbau CEAG/Metz · Bj. 1958.

TroLF 750
Unimog BM 404 B · Aufbau Total · Export · Dieses Pulverlöschfahrzeug wurde zusätzlich mit einem Gerüst für ein Planenverdeck über dem Aufbau und Positionsleuchten ausgerüstet.

TroLF 750
Unimog BM 404 B · Aufbau Total · Deutschland · Bei diesem Fahrzeug wurde die Kombination Pulverlöschanlage/Vorbaupumpe um eine C-Schnellangriffseinrichtung erweitert. Von der abnehmbaren Metz Feuerlöschpumpe 8/8 führt eine Rohrleitung zur Schlauchhaspel hinter dem Fahrersitz. Das Löschwasser mußte über Saugschläuche aus dem betriebseigenen Hydrantennetz bezogen werden. Die nötigen Saug- und Druckschläuche wurden in besonderen Lagerungen mitgeführt.

TroLF 750
Unimog BM 404 B · Aufbau Metz · Flughafen Skanes-Monastir/Tunesien · Neben der Pulverlöschanlage transportiert dieses TroLF 750 im Kofferaufbau noch Rettungsgeräte und Werkzeug. Bj. 1971.

TroLF 750
Unimog BM 404 B · Aufbau Minimax/Metz · Deutschland · Die Pulverlöschanlage wurde 1964 mit einer rundum geschlossenen Karosserie versehen.

Nutzlastreserve sowie die serienmäßigen Nebenabtriebe und Zapfwellen bieten sich für zusätzliche Ausrüstungen und Anbaugeräte geradezu an. In den geschlossenen kastenförmigen Aufbaukarosserien ist genügend Raum für Bergungswerkzeug, Schläuche und Armaturen.

Recht weit verbreitet sind Pulverlöschfahrzeuge mit Vorbaupumpe, so daß auch Arbeits- und Löscheinsätze mit Wasser möglich sind. Einige Fahrzeuge sind mit Wasser- oder Schaummitteltank versehen. Hierbei handelt es sich aber nicht um Tanklöschfahrzeuge, da die Behälter nur dem Transport der Löschmittel zum Einsatzort dienen.

TroLF 750
Unimog BM 404 B · Aufbau Total · Deutschland · Für die Bekämpfung größerer Flüssigkeits- und Gasbrände installierte die Firma Total ab Mitte der sechziger Jahre auf Wunsch spezielle Pulverwerfer. Bei Pulverlöschanlagen mit einer Füllmenge von bis zu 1 000 kg Löschpulver ist die Ausstoßrate des Werfers auf 20 kg/s beschränkt. Die Reichweiten liegen vertikal zwischen 15 und 20 Metern und horizontal bei annähernd 30 Metern.

TroLF 750
Unimog BM 404 B · Aufbau Minimax/Metz · Feuerwehr Liestal/Schweiz · Das 1970 in Dienst gestellte Pulverlöschfahrzeug erhielt eine geschlossene Karosserie mit offenen Sitzbänken für vier Feuerwehrmänner am Heck.

TroLF 750/CO_2 60
Unimog BM 416 (U 1100 L) · Aufbau Total · Export · Die Besonderheiten dieses Fahrzeuges sind die relativ selten verwendete Doppelkabine für fünf Besatzungsmitglieder und die Kohlendioxidlöschanlage mit zwei Druckgasflaschen à 30 kg Inhalt und einer Schnellangriffseinrichtung (25 m).

TroLF 750
Unimog BM 404 B · Aufbau Primus/Le Relais · Feuerwehr Olten/Schweiz · Bj. 1959.

TroLF 750
Unimog BM 404.0 · Aufbau Total · WF Daimler-Benz, Gaggenau · Die Werkfeuerwehr des Daimler-Benz-Werkes in Gaggenau nutzte den Freiraum zwischen den Schlauchkästen der Pulverschnellangriffseinrichtungen für die Installation eines Schaummittelbehälters mit 600 l Fassungsvermögen, Schaumrohre und eine Metz-Aufsteckpumpe MAP 8/8 vervollständigen die Sonderausstattung.

TroLF 750
Unimog BM 435 (U 1300 L) · Aufbau Metz · BF Mülheim · In den Aufbau des TroLF 750 wurde eine Streuvorrichtung für Ölbindemittel integriert. Längere Ölspuren lassen sich mit Hilfe des hochklappbaren Schleudertellers am Heck vom fahrenden Fahrzeug abstreuen. Anlagen dieser Art werden ansonsten für die Ausrüstung von Winterdienstfahrzeugen verwendet. Die vordere Anbauplatte ermöglicht zudem die Montage von Räum- und Reinigungsgeräten. Bj. 1986.

TroLF 750
Unimog BM 416 (U 125) · Aufbau Minimax · Export · Pulvermonitor mit einer Ausstoßrate von 20 kg/s und einer Wurfweite von 20 bis 25 Metern.

TroLF 500
Unimog BM 435 (U 1300 L [Rechtslenkerausführung]) · Aufbau Total · Tesoro Petroleum Company, Trinidad · Neben der Pulverlöschanlage PLA 500, die mit Totalit 2000 (BC-Pulver) für die Bekämpfung von Mineralölbränden gefüllt ist, stattete Total das Fahrzeug mit einer Ziegler-Vorbaupumpe 8/8 und einem Wassertank (1800 l Inhalt) für das Ablöschen von Busch- und Grasbränden auf dem Raffineriegelände aus. Bj. 1979.

Ein PLF 750/MS 600 und zwei TroLF 750, davon eins mit Kranausleger, des Flughafens Mexiko-City.

TroLF 750
Unimog BM 435 (U 1300 L) · Aufbau Total · WF Daimler Benz, Gaggenau · Wie bei seinem Vorgängermodell auf Unimog S 404.0 wurde auch hier ein Schaummittelbehälter (600 l) und eine Vorbaupumpe nachträglich eingebaut.

TroLF 1000
Unimog BM 404 B · Aufbau Total · Flughafen Bogota/ Kolumbien.

Schon in den fünfziger Jahren benötigten Feuerwehren auf Flughäfen und in Raffinerien Pulverlöschfahrzeuge mit mehr als 750 kg Löschpulver. Die größeren Löschmittelmengen erhielt man anfangs durch die Kombination von zwei, drei oder vier Pulverlöschanlagen des Typs PLA 750, die auf Lastwagenfahrgestellen mit oder ohne Karosserieverkleidung montiert wurden. Das Modell PLF 1 500 gehörte zwischen den Jahren 1961 und 1980 sogar zu den genormten Feuerlöschfahrzeugen. Die PLF 2 250 und PLF 3 000 fanden dagegen nur geringere Verbreitung.

Im Jahre 1965 stellte die Firma Total Foerstner & Co., Ladenburg, mit dem PLF 2 000 auf Mercedes-Benz L 1 113 eine neue Anlagenbaureihe vor. Das Löschpulver lagert nun nicht mehr in mehreren unabhängig voneinander arbeitenden Pulverlöschanlagen des Typs PLA 750, sondern nur noch in einem einzigen Druckbehälter. Das Fassungsvermögen variiert zwischen 1 000 kg und 4 000 kg Pulver pro Kessel. Relativ schnell wuchs die Menge des verfügbaren Löschpulvers bis zum Jahr 1970 auf 12 Tonnen. Allerdings bestanden Anlagen dieser Größenordnung meist aus zwei zusammengeschalteten Druckkesseln.

Im Zuge dieser Entwicklung stellten natürlich die Firmen Minimax und Total auch Unimog-PLF mit mehr als 750 kg Füllmenge her. Ausschlaggebend für die Kapazität der Pulverlöschanlage war dabei die Tragfähig-

TroLF 1000
Unimog BM 404.0 · Aufbau Total · Exportausführung mit Vollkarosserierung · Leistung des Pulverwerfers maximal 20 kg/s.

keit des verwendeten Fahrgestelles. Das gängiste Modell war das PLF 1000 auf dem Unimog S. Vereinzelt dient der S-Typ auch als Träger einer PLA 1500.

Nach der Einführung des Unimog-Baumusters 435 ließen sich dank der höheren Rahmentragfähigkeit Pulverlöschanlagen bis zu einer Füllmenge von 2000 kg Löschpulver montieren. Das Einsatzfeld dieser Geräte umfaßt gleichermaßen Flughäfen, Raffinerien und Chemiebetriebe.

Trotz gut ausgebauter Straßen und Wege können einige Gefahrenpunkte nur mit geländegängigen Fahrzeugen erreicht werden. Wälle um Tankanlagen und ähnliche Hindernisse überwindet der Unimog noch mit voller Zuladung ohne Schwierigkeiten.

TroLF 1000
Unimog BM 416 (U125) · Aufbau Minimax · Flughafen Essen/ Mülheim · Bj. 1970.

TroLF 1000
Unimog BM 416 (U 1100 L) · Aufbau Minimax/Rosenbauer · Simbabwe.

TroLF 1000
Unimog BM 416 (U 125) · Aufbau Total · Siegerland Flughafen · Bj. 1973.

TroLF 1000/GW
Unimog BM 416 (U 1100 L) · Aufbau Minimax/Vogt · Feuerwehr Burgdorf/Schweiz · Einbaugenerator (9 kVA) · Bj. 1977.

TroLF 1000
Unimog BM 404 B · Aufbau CEAG · WF Flughafen Hannover · Umgebaut 1970.

TroLF 1500
Unimog BM 404.0 (U 110) · Aufbau Total · Flughafen Ancona/Italien · Mit der Pulverlöschanlage PLA 1500 war das Unimog-S-Fahrgestell vollkommen ausgelastet, so daß Schnellangriffseinrichtungen und Karosserie entfallen mußten. Die Pulverabgabe erfolgt ausschließlich über den handbetätigten Monitor vom Typ 4081. Die Ausstoßrate variiert je nach Düse zwischen 10, 15 oder 20 kg pro Sekunde. Die erzielbaren Reichweiten liegen bei 18,25 und 32 Meter. Bj. 1973.

TroLF 1000
Unimog BM 424 (U 1000) · Aufbau Total/Vogt · Feuerwehr Herisau/Schweiz · Einbaugenerator 20 kVA · Bj. 1979.

TroLF 2000
Unimog BM 435 (U 1700 L) · Aufbau Minimax/Rosenbauer · WF Flughafen Hamburg · Innengelenkter Dachmonitor, Ausstoßrate 25 kg/s, Wurfweite 35–45 m, Wurfhöhe ca. 20 m. Eine Schnellangriffseinrichtung mit 30 m Schlauch (⌀ 32 mm), Leistung der Pulverpistole 5 kg/s, Wurfweite 12 m, Wurfhöhe ca. 8 m. Höchstgeschwindigkeit 90 km/h. Bj. 1986.

TroLF 2000
Unimog 435 (1300 L [124 kW/168 PS]) · Aufbau Total/Rosenbauer · WF Bayer, Krefeld Uerdingen · Dachmonitor Rosenbauer RM 8 EP (elektrisch ferngesteuert), Ausstoßrate max. 30 kg/s, Wurfweite ca. 25 m. Der Monitor kann aus der Fahrerkabine oder über eine Kabelfernsteuerung mit 20 m Kabel bedient werden. Schnellangriffseinrichtung mit 30 m Druckschlauch. Besatzung 1 + 2, Gesamtgewicht ca. 8 000 kg, Bj. 1987.

Pulverwerfer für Pulverlöschanlagen ab PLA 1000

Fabrikat	Minimax	Total
Ausstoßraten kg/s	15–25–40 variabel	20–30–40 fix oder mit Ratenschieber variabel zwischen 20 und 40 kg/s
Wurfweiten	40–50 m	30–37–45 m
Schwenkbereich vertikal	–15° bis + 85°	–60° bis + 60° Bei Montage auf dem Pulverbehälter –45° bis + 45°
horizontal	360° endlos	360° endlos

TroLF 2000
Unimog BM 435 (U 1700 L) · Aufbau Minimax/Simon Gloster Saro · Libyen · Bj. 1985.

Kombinierte Löschfahrzeuge Pulver/Schaum

Eine Steigerung des Einsatzwertes erfuhr das Pulverlöschfahrzeug PLF 750 durch die Hinzufügung einer Schaumlöschanlage. Da das Unimog-Fahrwerk mit aufgebauter Pulverlöschanlage PLA 750 noch über genügend Nutzlastreserve und Freiraum verfügte, war die Erweiterung des Systems problemlos durchführbar, zumal Pulver- und Schaumanlage unabhängig voneinander arbeiten. Die Bezeichnung des von der Firma Total Foerstner & Co. entwickelten Modells lautet PLF 750/MS 600 und gehört in die Gruppe der kombinierten Löschfahrzeuge.

Solche Fahrzeuge kommen immer dann zum Einsatz, wenn das zu erwartende Feuer nicht mit einem Löschmittel allein sicher beherrscht werden kann. So lassen sich brennende Flüssigkeiten (Mineralölprodukte oder Chemikalien) mit Hilfe von Löschpulver zwar schlagartig ablöschen, doch ist der endgültige Löscherfolg davon abhängig, daß es nicht wieder zu Rückzündungen kommt.

Da Löschpulver, mit Ausnahme von Glutbrandpulver, kaum Energie von Festkörpern und Flüssigkeiten aufnimmt und darum nicht abkühlend wirkt, besteht die Gefahr, daß sich aus der Flüssigkeit aufsteigende entflammbare Gase an erhitzten bzw. glühenden Anlagenteilen wieder entzünden. Durch das Abdecken der abgelöschten Flüssigkeit mit Schaum werden Rückzündungen weitgehend ausgeschlossen. Zu diesen löschtechnischen Vorteilen kommt der kosten- und personalsparende Verzicht auf ein gesondertes Löschfahrzeug mit Wasser und Schaummittel.

Der feuerlöschtechnische Aufbau PLF 750/MS 600 setzt sich aus einer normalen Pulverlöschanlage 750 (siehe Kap. 11) und einer nach dem gleichen Prinzip gestalteten Schaumlöschanlage zusammen. Das Löschmittel wird also ebenfalls durch Treibgas ausgebracht.

In einem Druckbehälter, der zwischen den beiden Schlauchkästen der Pulverschnellangriffseinrichtung über der Hinterachse lagert, sind 600 l eines Gemisches von Wasser und Schaumkonzentrat untergebracht.

Im Bedarfsfall werden Pulver- und Schaumlöschanlage über Bedienungselemente auf der zentralen Schalttafel einzeln oder gemeinsam in Betrieb gesetzt. Nach etwa 8 - 10 Sekunden Aufladezeit ist der maximale Arbeitsdruck von 7 - 8 bar erreicht und die Anlage einsatzbereit. Beim Überschreiten des maximalen Betriebsdruckes von 10 bar öffnet sich automatisch das Sicherheitsventil auf der Tankoberseite.

Als Schaumschnellangriffseinrichtung steht ein 30 m langer C 42 Druckschlauch mit angekuppeltem Schaumrohr zur Verfügung. Anfangs verwendete man der Bezeichnung Mittelschaumanlage MS 600 entsprechend ein Mittelschaumrohr Total KR 2 - 75. Bei einem Durchsatz von 200 l/min und 75facher Verschäumung belief sich die nutzbare Schaummenge auf 15 m^3 pro Minute.

Ein Nachteil bei der Verwendung von Mittelschaum gegenüber dem Schwerschaum ist die geringe Wurfweite von 6 - 7 m. Darum wurden die reinen Mittelschaumrohre durch die heute gebräuchlichen Kombinationsstrahlrohre, die sowohl für die Erzeugung von Mittel- und Schwerschaum geeignet sind, ersetzt.

Das Modell KR-S/M2 liefert bei einem Arbeitsdruck von 5 - 7 bar Schwerschaum von 15facher und Mittelschaum von 50facher Verschäumung.

Während die Reichweite beim Mittelschaum unverändert um 7 m liegt, lassen sich mit dem Schwerschaum Wurfweiten bis zu 20 Metern erzielen.

Das Haupteinsatzfeld der PLF 750/MS 600 sind Tanklager, Flughäfen und Industriebetriebe. Die ersten Wagen wurden auf den Unimog-Modellen 404.0 und U 1100 L (BM 416) realisiert. Neuere Versionen basieren auf dem U 1300 L. Ähnliche Fahrzeuge lieferte die Firma Sicli an Feuerwehren in den südlichen Kantonen der Schweiz.

TroLF 750 MS 600 Unimog BM 404.0 · Aufbau Total · Deutschland · P 750 kg, Schaummittel/ Wasser-Gemisch 600 l, Besatzung 1 + 1, Bj. 1976.

TroLF 750 MS 600
Unimog BM 416 (U 125) · Aufbau Total · WF Mercedes Benz do Brasil · P 750 kg, Schaummittel/Wasser-Gemisch 600 l, Besatzung 1 + 1.

TroLF 750 MS 600
Unimog BM 435 (U 1300 L) · Aufbau Total · Flughafen Mexiko-City · P 750 kg, Schaummittel/Wasser-Gemisch 600 l, Bj. 1988.

TroSLF 500/500
Unimog BM 404 B · Aufbau Sicli/Hess · Feuerwehr Bellinzona (Schweiz) · Pulver 500 kg, Gemisch AFFF/Wasser 30 l/470 l, Besatzung 1 + 1, Bj. 1972.

TroSLF 500/500
Unimog BM 404.0 · Aufbau Sicli/Hess · Feuerwehr Sierre (Schweiz) · P 500 kg, Gemisch AFFF/Wasser 30 l/470 l, Besatzung 1 + 1, Bj. 1975.

Twin Agent Fahrzeuge

Mit den aus jeweils unabhängig voneinander arbeitenden Pulver- und Schaumlöschanlagen zusammengesetzten kombinierten Löschfahrzeugen war die Entwicklung der mit Druckgas betriebenen Löschanlagen keineswegs beendet. Der Wunsch, beide Löschmittel gleichzeitig für den Einsatz durch einen Feuerwehrmann verfügbar zu machen, führte zum Bau der sogenannten Twin-Agent-Fahrzeuge.

Die wesentliche Veränderung gegenüber den herkömmlichen kombinierten Löschfahrzeugen besteht in der Zusammenfassung der Löschmittelabgabevorrichtungen für Pulver und Schaum. Das gilt sowohl für die Schnellangriffseinrichtung als auch für den eventuell montierten Monitor.

Die Schnellangriffseinrichtung setzt sich aus einer TWIN-Schlauchhaspel, auf der die Schläuche für Pulver und Schaumgemisch (Wasser mit Schaumkonzentrat) gemeinsam lagern, und dem Kombistrahlrohr zusammen. Es wird aus einer Pulverlöschpistole und einem Schwerschaumrohr mit Pistolenschaltgriff, die starr miteinander verschraubt sind, gebildet. Diese Anordnung ermöglicht die gemeinsame oder getrennte Ausbringung beider Löschmittel durch eine Person.

TroLF 250/MS 1200 · Unimog BM 416 (U 1100 L) · Aufbau Total · Kanadische Luftwaffe, Flughafen Rheinmünster-Söllingen · P 250 kg, Schaummittel/ Wasser-Gemisch 1200 l, 2 Schnellangriffseinrichtungen für den gleichzeitigen Ausstoß von Löschpulver und Schwerschaum, Besatzung 1 + 1, Bj. 1977.

In ähnlicher Weise kann bei Bedarf ein Monitor gestaltet werden. Die einzelnen Werferrohre sind dabei entweder direkt neben- oder übereinander montiert oder sie werden mittels Parallelführungseinrichtung ausgerichtet. Die Bedienung des Twin-Monitors erfolgt von einer Standbühne oder dem Fahrersitz aus.

Twin-Agent-Fahrzeuge werden auf Flughäfen sowie in der chemischen und mineralölverarbeitenden Industrie eingesetzt.

Insbesondere die italienischen Hersteller Bergomi und Silvani haben zahlreiche Twin-Agent-Unimog-Löschfahrzeuge für in- und ausländische Flughäfen produziert.

Als Trägerfahrzeug diente oft der Unimog S 404.0. Der 110-PS-Benzinmotor verlieh dem einsatzbereiten Wagen eine Spitzengeschwindigkeit von 110 km/h.

Weiterhin liefern die Firmen Total und Sides Twin-Agent-Löschanlagen und komplette Fahrzeuge.

TroSLF 250/700 Unimog BM 416 (U 1100 L Pritschenaufbau) · Aufbau Minimax (abnehmbares TWIN AGENT Modul) · Flughafen Eggenfelden · P 250 kg, Schaummittel (AFFF Light Water)/ Wasser-Gemisch 700 l, 1 Schnellangriffseinrichtung für den gleichzeitigen Ausstoß von Löschpulver und Schwerschaum, Besatzung 1 + 1, Bj. 1987.

PLF 500/500
Unimog BM 416 (U 1100 L) · Aufbau Total/Rosenbauer · Libyen · P 500 kg, Schaummittel/Wasser-Gemisch 500 l, Dachmonitor RM 60 M mit aufgestecktem Pulverrohr, TWIN-Schnellangriffseinrichtung für den gleichzeitigen Ausstoß von Löschpulver 3 kg/s (Reichweite ca. 10 m) und Schwerschaum 200 l/min (Reichweite ca. 20 m). Besatzung 1 + 1, Bj. 1983.

PLF 750/800
Unimog BM 416 (U 1100 L) · Aufbau Total/Rosenbauer · Irak · P 500 kg, Schaummittel/Wasser-Gemisch 800 l, Dachmonitor mit aufgesetztem Pulverrohr (Innenlenkerausführung), TWIN-Schnellangriffseinrichtung für den gleichzeitigen Ausstoß von Löschpulver 3 kg/s (Reichweite ca. 10 m) und Schwerschaum 200 l/min (Reichweite ca. 20 m), Besatzung 1 + 1, Bj. 1983.

VIRP 750 M 700
Unimog BM 416 (U 1100 L) · Aufbau Sides · Export · P 750 kg, Schaummittel (AFFF-Light Water)/Wasser-Gemisch 700 l. Innengelenkter Dachmonitor CMX 500/500, Leistung: Schaum 500 l/min (Reichweite ca. 25 m) und Pulver 500 kg/min (Reichweite ca. 15–20 m), TWIN-Schnellangriffseinrichtung für den gleichzeitigen Ausstoß von Löschpulver 150 kg/min (Reichweite ca. 8–10 m) und Schwerschaum 200 l/min (Reichweite ca. 8–10 m), Besatzung 1 + 1.

TroSLF 400/700
Unimog BM 404.0 (U110) · Aufbau Bergomi · Export · P 450 kg, Schaummittel (AFFF-Light-Water)/Wasser-Gemisch 720 l. Die Werferrohre für Pulver und Schaum werden mit Hilfe einer Führungsstange parallel ausgerichtet, Leistung: Pulver 350 kg/min (Reichweite ca. 35 m) und Schaum 550 l/min (Reichweite ca. 30 m). TWIN-Schnellangriffseinrichtung für den gleichzeitigen Ausstoß von Pulver 2 kg/s (Reichweite ca. 20 m) und Schaum 200 l/min (Reichweite ca. 15 m). Besatzung 1 + 1, Beschleunigung von 0 auf 100 km/h in 35 Sekunden, Höchstgeschwindigkeit ca. 110 km/h.

TroSLF 600/700
Unimog BM 404.0 (U110) · Aufbau Silvani · Flughafen Genua · P 600 kg, Schaummittel (AFFF-Light Water)/Wasser-Gemisch 700 l. Manueller Doppelrohrmonitor, Leistung Pulver 320 kg/min und Schaum 500 l/ min, TWIN-Schnellangriffseinrichtung für den gleichzeitigen Ausstoß von Löschpulver 5 kg/s und Schaum 60 l/ min. Besatzung 1 + 1, Bj. 1973.

Flughafen-Löschfahrzeuge

Flughafenlöschfahrzeuge der britischen Firma Simon Gloster Saro auf Unimog U1700L aus dem Jahr 1985.

Mit großem Beschleunigungsvermögen und hoher Spitzengeschwindigkeit soll ein Flughafenlöschfahrzeug jeden beliebigen Ort auf dem Flugplatzareal in kürzester Zeit erreichen. Ebenfalls innerhalb einer kurzen Zeitspanne müssen die mitgeführten Löschmittelmengen ausgebracht werden können.

Um einen einheitlichen Sicherheitsstandard weltweit zu gewährleisten, hat die International Civil Aviation Organisation (Internationale Zivilluftfahrt Organisation) alle Mindestanforderungen an Fahrgestelle und Löschanlagen für ihre Mitgliedsländer verbindlich vorgeschrieben. In den ICAO-Richtlinien niedergelegt sind darum auch die vorzuhaltenen Löschmittelmengen und die Mindestausstoßraten.

Die Einordnung der Flughäfen in eine der 9 Kategorien erfolgt nach einheitlichen Kriterien. Dazu gehört die Anzahl der Start- und Landebahnen sowie deren Länge, die Größe der anfliegenden Luftfahrzeuge und die Zahl der Flugbewegungen.

Für Flugplätze der Kategorie 1 bis 3 genügt ein Rapid Intervention Vehicle (RIV) als Feuerlöschgerät. Ab Kategorie 4 werden neben dem RIV ein, zwei oder drei als Major Crash Fire and Rescue Vehicle (MCFR) bezeichnete Großfahrzeuge gefordert. Die pro Kategorie vorgeschriebene Löschmittelmenge kann natürlich auf mehrere Löschfahrzeuge mit geringerer Kapazität verteilt werden.

In der Praxis beschaffen die Flughafenverwaltungen meist typgleiche Wagen. Je nach Größe dienen abgewandelte Lkw-Chassis oder besondere Spezialfahrwerke als Träger der löschtechnischen Ausrüstungen. Zur gängigen Ausstattung einer modernen Flughafenfeuerwehr, die den verlangten Mindeststandard oft weit überschreitet, gehören aber auch eine Reihe von Fahrzeugen, die nicht zu den RIV oder MCFR zu zählen sind. Schaumlöschfahrzeuge mit und ohne Pulverlöschanlage sind ebenso zu finden wie kombinierte Löschgerätewagen und Rüst-, Schlauch-und Rettungsfahrzeuge.

Nachdem der Unimog ab Mitte der fünfziger Jahre mit dem Pulverlöschaufbau PLA 750 Eingang in den Bereich des Flughafenbrandschutzes fand, kamen etwa ab 1965 zahlreiche andere Spezialausführungen hinzu. Den örtlichen Gegebenheiten entsprechend konnten bzw. können diese Wagen eigenständig oder im Verbund mit anderen Einheiten zum Einsatz kommen.

Da es keine verbindlichen Baurichtlinien für diese Modelle gibt, kann man sie unter dem Allgemeinbegriff „Vorauslöschfahrzeug" zusammenfassen und als frühe Vorläufer der Rapid Intervention Vehicles (RIVs) einstufen.

Wie das VLF des Luftschutzhilfsdienstes sollte auch sein Pendant auf dem Flugplatz vor den Großfahrzeugen an der Unfallstelle eintreffen, um die Brandbekämpfung einzuleiten und die Ausbreitung des Feuers zu verhindern.

Ohne die geltenden Mindestanforderungen der ICAO an ein RIV voll zu erreichen, machte das relativ hohe Leistungsgewicht den Unimog, insbesondere die Ausführungen mit Benzinmotor, zu einem schnellen und wendigen Einsatzgerät.

Um die Anfahrtswege im Ernstfall möglichst kurz zu halten, stationiert man oft kleinere Vorausfahrzeuge samt Besatzung während des Flugbetriebes in der Nähe des Aufsetzpunktes an der Landebahn.

Außer den schon vorgestellten Pulverlösch- und Twin-Agent-Fahrzeugen kommen für den Einsatz im Flughafenbrandschutz noch Schaumlöschfahrzeuge, teilweise mit Pulverlöschanlage, sowie die Rettungsdienstwagen in Frage.

Die Schaumlöschfahrzeuge lassen sich in zwei Gruppen, die sich durch die Methode der Löschmittelförderung unterscheiden, einteilen: Bei einer relativ kleinen Gruppe wird das Löschmittel durch Treibgas (Stickstoff oder Preßluft) ausgebracht. Bei der größeren Zahl der Fahrzeuge geschieht das mittels Feuerlöschkreiselpumpe.

FLF 8/16-2 Unimog BM 435 (U1300L) · Aufbau Ziegler · Tanzania · FPH Ziegler 8/8, W 1600 l, S 200 l, Innenlenkerdachmonitor 1200 l/min, Besatzung 1 + 2.

SCHAUM-LÖSCHFAHRZEUGE MIT TREIBGASANLAGE

FLF 500 △
Unimog BM 421 (U 600 L) · Aufbau Minimax · WF Flughafen Berlin-Tegel · Schaummittel/ Wasser-Gemisch 500 l, Ausstoß über Dachmonitor und/ oder Schnellangriffseinrichtung mittels Treibgas, Halonlöschanlage (70 kg). Besatzung 1 + 1.

Die Schaumlöschanlage gleicht hier im Prinzip den vorstehend beschriebenen Pulveranlagen mit Aufladetechnik. Das Löschmittel, eine Mischung aus Wasser und Schaumkonzentrat, lagert in einem Druckbehälter, der im Einsatzfall aufgeladen wird. Ein Drucksteuergerät regelt die Zufuhr von Druckgas aus der Flaschenbatterie bis zum Erreichen des Arbeitsdruckes. Die Löschmittelabgabe erfolgt entweder über Schnellangriffseinrichtungen oder durch einen Schaummonitor.

Vorteile dieser Bauart sind die einfache Handhabung im Einsatz und das Fehlen maschinell betriebener Aggregate samt Getriebe und Steuerungen. Nachteilig ist, daß das Fahrzeug nach erfolgtem Einsatz erst wieder neu befüllt werden muß.

FLF 2400
Unimog BM 435 (U 1300 L) · Aufbau Minimax · WF Flughafen Dortmund · Schaummittel (AFFF-Light Water)/Wasser-Gemisch 2 400 l, Ausstoß über Dachmonitor und/oder Schnellangriffseinrichtung, ▽ *Halonlöschanlage (90 kg).*

SCHAUMLÖSCHFAHRZEUGE MIT KREISELPUMPE

TLF 8/18 S Unimog BM 435 (U1300L) · Aufbau Ziegler · WF Flughafen Köln-Bonn · FPH Ziegler 8/8, W 1800 l, S 200 l, Stoßstangenmonitor 1000 l/min (Reichweite ca. 40 m) mit Fernsteuerung in der Fahrerkabine, tragbares Stromaggregat (5 kVA), Lichtmast, Bj. 1988.

Die in konventioneller Bauweise erstellten Schaumlöschfahrzeuge basieren vielfach auf den normalen Tanklöschfahrzeugen. In Deutschland sind dies die Normmodelle TLF 8/18 und TLF 16/24.

Grundsätzlich eignet sich jeder mit Wassertank und Feuerlöschkreiselpumpe ausgestattete Wagentyp für die Erweiterung der feuerlöschtechnischen Einrichtung um Schaummitteltank, Zumischer und Monitor. Der Schaummittelbehälter ist entweder in den Löschwassertank integriert oder zusätzlich montiert. Die Steuerung der Pumpe geschieht über ein Schaltpult im Fahrerhaus und auch der Schaumwerfer wird manuell (Innenlenkerausführung) oder elektromotorisch vom Fahrer oder Beifahrer bedient.

Außer im Flughafenbrandschutz findet man solche Schaumlöschfahrzeuge in Betrieben der chemischen und mineralölverarbeitenden Industrie.

Airport Crash Tender Unimog BM 416 (U 1100 L) · Aufbau Dawson & Frazer · Flughafen Lanseria Krügersdorp/Südafrika · FPH Bachert 16/8 mit Vormischer, W 1 200 l, S 200 l. Löschangriff über den innengelenkten Dachmonitor und/oder die zwei Schnellangriffseinrichtungen. Zusätzlich werden auf dem Fahrzeug 50 kg Kohlendioxidd und 50 kg BC-Löschpulver in Druckbehältern mitgeführt.

TLF 2500 Unimog BM 437 (U 2150 L) · Aufbau Rosenbauer · WF Dornier · FPH Rosenbauer R 280 HN (3 000 l/min bei 8 bar und 350 l/min bei 40 bar), Zumischer Rosenbauer Foamatic RVM 80, W 2 000 l, S 500 l, Monitor RM 60 E (Leistung 1 000 l/

min bei 10 bar), Schnellangriffseinrichtung mit 60 m HD-Schlauch (Ø 25 mm). Pulverlöschanlage PLA 250 von Minimax mit BC-Löschpulver, Kohlendioxidlöschanlage 2 x 30 kg CO_2 von Minimax, Besatzung 1 + 2, Bj. 1991.

FLF 2400 Unimog BM 437 (U 1550 L) · Aufbau Baribbi · Flughafen Biella/Italien.

TROCKEN-SCHAUMLÖSCHFAHRZEUGE

Eine von den Normfahrzeugen vollkommen unabhängig entwickelte Kategorie stellen die kombinierten Flugplatzlöschfahrzeuge dar. Die Aufteilung der Mitnahmekapazität an den einzelnen Löschmitteln, Pulver, Wasser und Schaummittel richtet sich nur nach der Rahmentragfähigkeit des verwendeten Chassis und den von der Feuerwehr verlangten Vorgaben.

Das Fassungsvermögen der Pulverlöschanlage variiert dabei zwischen 100 und 500 kg Löschpulver, aber in den meisten Fällen kommt eine PLA 250 zum Einbau. Der Schaumlöschteil ist wiederum konventionell mit Feuerlöschkreiselpumpe und Tanks für Wasser und Schaumkonzentrat ausgelegt.

Beide Löschanlagen lassen sich über eine Steuerung im Fahrerhaus betätigen. Mit einem innengelenkten Dachmonitor kann ein solches TroFLF von einem Feuerwehrmann als schnelles Vorauslöschfahrzeug wirkungsvoll zur Brandbekämpfung eingesetzt werden. Je nach Ausführung kommen reine Schaumwerfer oder kombinierte Pulver/Schaumrohre in Frage.

FLF 800/80/250 Unimog BM 404 B · Aufbau Rosenbauer · Tanzania · FPH Rosenbauer 65000, W 800 l, S 80 l, P 250 kg, Besatzung 1 + 1, Bj. 1965.

FLF 600/100 P 500 Unimog BM 404.0 · Aufbau Metz · Flughafen Tunis-Carthage/Tunesien · FP Metz-Tragkraftspritze TS 8/8 fest eingebaut, W 600 l, S 100 l, P 500 kg (Minimax), innengelenkter Dachmonitor mit innenliegendem Pulverrohr. Je eine Schnellangriffseinrichtung für Pulver und Schaum auf der Beifahrerseite. Außer der Kabinenbesatzung (1 + 1) können zwei weitere Feuerwehrmänner am Heck stehend mit zur Einsatzstelle fahren, Bj. 1978.

VIRM 13 P 135 Unimog BM 416 (U 1100 L) · Aufbau Sides · Flughafen Yaounde/Kamerun · FP Sides 50.60.15 C (1500 l/min bei 11 bar) mit eigenem Antriebsmotor (Renault A 2 M 23, 50 kW bei 4000 U/min), W 1200 l, S 150 l, Dachmonitor für Schaum vom Typ Sides CTP 1000 (Leistung 1300 l/min, Reichweite ca. 35 m), Schnellangriffseinrichtung Schaum LMP 250 mit 20 m Schlauch (∅ 40 mm), Schnellangriffseinrichtung Wasser mit 60 m Schlauch (Leistung 100 l/ min). Pulveranlage mit 135 kg Löschpulver. Besatzung 1 + 1, Bj. 1986.

TLF 8 S
Unimog BM 435 (U 1300 L, 124 kW/168 PS) · Aufbau Metz · Bulgarien (10 TLF 8 S für Regionalflughäfen) · FPH Metz 8/8 (1800 l/min bei 8 bar) mit Hochdruckstufe, W 1000 l, S 100 l, P 250 kg, Innenlenkerdachmonitor 1000 l/min bei 10 bar. Bj. 1986 ◁

◁ *TroTLF 8/7-2 P 250*
Unimog BM 417 (U 1150 L) · Aufbau Ziegler · Zaire · FPH Ziegler 8/8, W 700 l, S 200 l, P 250 kg, Bj. 1990.

TroSLF 500/1200
Unimog BM 416 (U 80) · Aufbau Metz · Flughafen Karlsruhe · FPH Metz 8/8 (800 l/min bei 8 bar), Schaummittel (AFFF-Light Water)/Wasser-Gemisch 1200 l, P 500 kg, Innenlenkermonitor (Leistung ca. 800 l/min bei 5 bar, Reichweite ca. 20 m) mit seitlich angeordnetem Pulverrohr (Leistung 10 kg/s, Reichweite ca. 20 m). Schnellangriffseinrichtungen für Schaum und Pulver (5 kg/s). Bj. 1986 (Aufbau). ▽

DAS SLF 1200/500 – DER STANDARDTYP FÜR REGIONALFLUGPLÄTZE

In den siebziger Jahren nahm der regionale kommerzielle Luftverkehr stark zu. Immer mehr Unternehmen nutzten die Möglichkeit, Mitarbeiter und Waren mit Flugzeugen ans Ziel zu bringen. Abgewickelt wird der überwiegende Teil der Flugbewegung zwischen den Regionalen Verkehrsflughäfen und Verkehrslandeplätzen (RVV). Mit dem Ausbau und der Erweiterung der Flughafeneinrichtungen ging auch die Verbesserung des Brandschutzes einher.

Um auf allen Landeplätzen ein möglichst einheitliches Sicherheitsniveau zu erreichen, sollten Standardlöschfahrzeuge beschafft werden.

Den Anforderungskatalog für ein Flughafenlöschfahrzeug stellte eine Arbeitsgruppe der Arbeitsgemeinschaft Deutscher Verkehrsflughäfen ADV zusammen. Darin wurden einschlägige betriebliche Erfahrungen und Vorschriften nationaler und internationaler Gremien berücksichtigt. Auch die Größe der an- und abfliegenden Luftfahrzeuge, die vom Motorsegler bis zum Linienflugzeug reichte, spielte eine wichtige Rolle.

Auf Vorschlag der ad-hoc-Arbeitsgruppe „Feuerlöschwesen" beriet der Fachausschuß „Betrieb und Technik" auf der 52. Sitzung am 15. und 16. März 1979 in Frankfurt am Main einen Katalog von Mindestanforderungen an ein schnelles Vorausfahrzeug. Die darin niedergelegten Leistungswerte betrafen sowohl das Fahrwerk als auch den feuerwehrtechnischen Aufbau.

Schnelle Vorausfahrzeuge sollten beschafft werden, wenn die geforderte Eingreifzeit von 2 Minuten von anderen Flughafenlöschfahrzeugen nicht eingehalten werden kann. Der Löschmittelvorrat sollte mindestens 1 000 bis 1 250 kg umfassen.

Aufgabe des Vorausfahrzeuges ist
- die Bekämpfung von Entstehungsbränden,
- die Verhinderung der Brandausbreitung,
- und das Verhindern größerer Flächenbrände.

Ideale Einsatzmöglichkeiten bieten

SLF 1200/500 RVV Unimog BM 435 (U1300L) · Aufbau Minimax · Standardfahrzeug der deutschen regionalen Verkehrsflughäfen und Verkehrslandeplätze.

sich bei Reifen-, Fahrwerks-, Triebwerks-und kleineren Treibstoffflächenbränden. Ebenso sollten kleinere Flächen nicht entzündeten Treibstoffes mit Schaum abgedeckt werden können. Für das Chassis galten die nachstehend aufgelisteten Bedingungen:

- Beschleunigung von 0 auf 80 km/h in 20 Sekunden
- Höchstgeschwindigkeit mit maximaler Zuladung 125 km/h
- Allradantrieb mit Differentialsperren
- Gleichmäßige Lastverteilung auf Vorder- und Hinterachse (Abweichung möglichst unter 10 %)
- Geländebereifung mit möglichst geringem Reifendruck (max. 4 bar)
- Niedriger Schwerpunkt
- Überhangwinkel vorn und hinten mind. 30°
- Freiwinkel zwischen den Achsen 12°
- Bodenfreiheit mind. 200 mm
- Motorleistung entsprechend für 30 PS pro Tonne Einsatzgewicht.

Mit dem Fahrzeug sollten unbefestigte Flächen, flache Hänge, Böschungen und andere Geländeunebenheiten auch bei schlechten Wetterbedingungen sicher befahren werden können.

Für den feuerwehrtechnischen Aufbau galten folgende Vorgaben:

- Möglichkeit zur Bekämpfung zwei- und dreidimensionaler Brände
- Möglichkeit zur Abdeckung von ausgetretenem Kraftstoff
- In Ermangelung eines einzigen Löschmittels für diese Aufgabe müssen solche mit zwei- und dreidimensionaler Löschwirkung mitgeführt werden. Zur Bekämpfung zweidimensionaler Brände wird filmbildender Schaum, AFFF Light Water, empfohlen. Für dreidimensionale Brände eignet sich besonders Löschpulver.
- Die Aufteilung des Löschmittelvorrates sollte im Verhältnis 3:1 für Wasser/Schaummittel zu Ergänzungslöschmittel (Pulver oder Halon) liegen.

Für die Ausbringung des Hauptlöschmittels „Schaum" konnte eine Kreiselpumpe benutzt werden. Aber da Löschpulver und Halon mit Hilfe von Treibgas gefördert und ausgestoßen werden, sollte dieses Verfahren auch bei der Schaumlöschanlage zum Zuge kommen. Die zugrunde gelegte Ausstoßzeit von etwa einer Minute für alle Löschmittel bestimmte die Leistungsfähigkeit der Wenderohre und Schnellangriffseinrichtungen. Für die Wenderohre, separat oder gekoppelt bedienbar, sind Ausstoßraten von 800 l/min beim Wasserschaumgemisch und 3 kg/s bei Ergänzungslöschmitteln erforderlich. Für die Schnellangriffseinrichtungen

Das SLF 1200/500 RVV des Flugplatzes Essen-Mülheim erhielt zum Schutz gegen Witterungseinflüsse abnehmbare seitliche Planenabdeckungen.

SLF 1200/500 RVV Unimog BM 437 (U1550L) · Aufbau Minimax · Flugplatz Baden-Baden.

mit 25 m Schlauch liegen die entsprechenden Werte bei 200 l/min und 2 kg/s.

Da kein Feuerwehrgerätehersteller ein derartiges Fahrzeug im Lieferprogramm hatte, gab die ADV die Unterlagen im Rahmen einer Anfrage an alle deutschen Löschfahrzeugbauer. Unter den daraufhin eingehenden Angeboten, erfüllte die Konstruktion der Firma Minimax auf einem Unimog U 1300 L die meisten Kriterien, obwohl man bei Motorleistung, Beschleunigungsvermögen und Höchstgeschwindigkeit Abstriche hinnehmen mußte.

Trotzdem erhielten Minimax und Daimler-Benz den Entwicklungsauftrag für das Standardlöschfahrzeug. Der daraufhin hergestellte Prototyp mit der Bezeichnung SLF 1200/500 RVV wurde eingehend erprobt und nach einigen kleinen Verbesserungen zur Beschaffung empfohlen. Die wesentlichen Konstruktionsmerkmale waren:

- Schaum-Feuerlöschanlage mit 1200 l vorgemischter AFFF/Wasser-Lösung. (Nach ICAO-Richtlinie entspricht diese Menge 1800 l Proteinschaummittel/Wasser-Lösung)
- Arbeitsdruck 8-11 bar/max. Betriebsdruck 12 bar
- Pulver-Feuerlöschanlage mit 500 kg Löschpulver (Multi-Troxin)
- Arbeitsdruck 10-13 bar/max. Betriebsdruck 14 bar
- Treibgasanlage mit 50 l-Druckgasflaschen, Anzahl 3, Fülldruck 200 bar, Treibgas Stickstoff
- Kombinationswerfer auf dem Fahrerhausdach, manuelle Bedienung durch Fahrer oder Beifahrer
- Schwenkbereich horizontal 180° und vertikal von –15° bis +45°
- Durchfluß am Schaumrohr 800 l/min bei 5 bar, Wurfweite circa 30 m
- Ausstoßrate am Pulverrohr 10 kg/s, Wurfweite etwa 18 m
- Zentraler Bedienungsstand im Fahrerhaus, Inbetriebnahme der Pulver- und Schaumlöschanlage sowie die Durchführung eines Löschangriffes durch den Fahrer ist möglich
- Zentrale Schalttafel für Druckentlastung und Spülung
- Je eine Schnellangriffseinrichtung mit 30 m formfesten Druckschlauch für Pulver und Schaum
- Durchfluß am Schaumrohr 200 l/min bei 5 bar, Reichweite etwa 20 m
- Ausstoßrate der Pulverpistole 5 kg/s, Reichweite 8 m

Der Aufbau selbst besteht aus einer Rahmenkonstruktion, die außer dem trittfesten Dachbelag mit keiner seitlichen Karosserieverkleidung versehen ist.

Ebenso wird auf dem Fahrzeug eine richtliniengerechte Rettungsausrüstung mitgeführt.

Die ersten SLF 1200/500 wurden allesamt auf dem Unimog U 1300 L gebaut. Es folgten Einzelstücke auf dem „schweren" U 1700 L und VW-MAN Chassis. Als bislang letzte Version ist das SLF 1200/500 auf Unimog U 1550 L anzusehen.

RAPID INTERVENTION VEHICLES

Seit Herbst 1991 ist eine modifizierte Version des Unimog U 1550 L mit einem 177 kW/240 PS starken Antriebsaggregat vom Typ OM 366 LA lieferbar. Versehen mit einem entsprechenden feuerwehrtechnischen Aufbau erfüllt das einsatzbereite, beladene Fahrzeug mit einem Gesamtgewicht von 8 500 bis 9 000 kg alle Bedingungen an ein schnelles Vorauslöschfahrzeug RIV (Rapid Intervention Vehicle), welche von der Internationalen Zivilluftfahrt Organisation festgeschrieben wurden.

Das erste von der Firma Rosenbauer ausgestattete RIV wurde während der Ausstellung Interairport 1991 in Frankfurt der interessierten Öffentlichkeit präsentiert. Nachstehend sind die wichtigsten Eckdaten des neuen Schnellangriffsfahrzeuges aufgelistet:

Fahrgestell
- Mercedes Benz Unimog U 1550 L (240)

Motor
- 6-Zylinder-Dieselmotor mit Turbolader und Ladeluftkühlung Typ OM 366 LA
- Leistung 176,5 kW (240 PS) bei 2 600 U/min
- Max. Drehmoment 750 Nm bei 1400 - 1600 U/min
- Getriebe UG 3/65, 8-Gang
- Einzelbereifung 14,5 R 20 auf Felgen 11 x 20
- Hydraulische Servolenkung
- Radstand 3 250 mm
- Wendekreis 14,1 m
- Bodenfreiheit ca. 440 mm
- Rampenwinkel ca. 28°
- Böschungswinkel vorn ca. 46°, hinten ca. 37°

Löschtechnischer Aufbau
- Typ RIV 1200/160/250
- Fabrikat Rosenbauer
- Wassertank aus GFK für 1 200 l Inhalt
- Schaummitteltank aus GFK für 160 l Inhalt
- Kombinierte Rosenbauer Normal-

und Hochdruckpumpe NH 20, Antrieb über den sehr schnellen Nebenabtrieb N 06, Fahr- und Pumpenbetrieb ist gleichzeitig möglich.

- Automatisches Schaumzumischsystem FIX-MIX, Zumischrate entweder 3 % oder 6 %.
- Monitor RM 60 E, Bedienung über Steuerung im Fahrerhaus, Leistung 1200 l/min bei 10 bar, Wurfweite ca. 50 m.
- Fahrzeugselbstschutzanlage mit je zwei Sprühdüsen vor der Vorder- und Hinterachse, Leistung 70 l/min
- Zwei Schnellangriffseinrichtungen mit 60 m Hochdruckschlauch und Hochdruckstrahlrohr mit Schaumaufsatz.
- Pulverlöschanlage PLA 250, gefüllt mit BC Löschpulver, zwei Faltschläuche von 30 m Länge mit angekuppelten Pulverpistolen (Ausstoßrate 2,5 kg/s), als Schnellangriff „Pulver".

Das RIV 1200/160/250 hat ein Einsatzgewicht von 7940 kg und beschleunigt innerhalb von 23 Sekunden von 0 auf 80 km/h. Die Höchstgeschwindigkeit liegt um 100 km/h.

Die Flughafenfeuerwehr von Larnaka, Zypern, hat bereits einen Unimog-RIV bestellt.

Im Einsatz wird das Fahrzeug durch eine wirksame Selbstschutzanlage mit Sprühdüsen gegen Bodenfeuer abgeschirmt.

Rapid Intervention Vehicle RIV 1200/160/250 Unimog BM 437 (U1550L 240) · Aufbau Rosenbauer · Südafrika.

RETTUNGSGERÄTEFAHRZEUGE (GERÄTEWAGEN FÜR FLUGHAFENFEUERWEHREN)

Rettungsgerätewagen Unimog BM 404 B · Aufbau Matra · Luftfahrtbehörde Brasilien · Pulverlöschanlage PLA 250 (Total) zur Bekämpfung von Entstehungs- und Kleinbränden. Die Gerätebestückung setzt sich aus einem tragbaren Generator (3 kVA), einem Autogenschneidgerät und Rettungswerkzeugen zusammen. Bj. 1966.

Flughafenfeuerwehren benötigen je nach Flughafenkategorie neben den üblichen Flugplatzlöschfahrzeugen auch Fahrzeuge für die Gebäudebrandbekämpfung und für Hilfeleistungen auf dem gesamten Flughafenareal. Außer den normalen TLF, Rüst- und Schlauchwagen wurden in den sechziger Jahren sogenannte Rettungsdienstfahrzeuge auf Unimog hergestellt. Hierbei handelt es sich um kleine Geräte- oder Rüstwagen mit einer zusätzlichen Pulverlöschanlage PLA 250.

Am Einsatzort angelangt, war die Besatzung in der Lage, mit den mitgeführten Werkzeugen, eingeschlossene bzw. eingeklemmte Personen zu befreien. Die Gerätebestückung umfaßte im allgemeinen einen tragbaren Generator (3 kVA), ein Autogenschneidgerät, Metallsägen, Beleuchtungsmittel und Sanitätsmaterial.

Kleinere Brände konnten mit Hilfe der Pulveranlage wirkungsvoll niedergehalten oder gelöscht werden.

Neben den beiden Fahrerhausinsassen fuhren weitere Helfer auf offenen Sitzen bzw. Notsitzen oder im Kofferaufbau mit zur Unfallstelle.

Rettungsgerätewagen Unimog BM 404.0 · Aufbau Matra · Export · Pulverlöschanlage PLA 250 (Total), Generator (3 kVA), Autogenschneidgerät, Rettungsgeräte.

Rettungsgerätewagen Unimog BM 416 (U 1100 L) · Aufbau Craftmen's Coach · Flughafen Maseru/Lesotho · Außer der Pulverlöschanlage führt der Rettungsgerätewagen Werkzeuge und einen Generator mit. Auf dem Gerätekoffer wurde ein Lichtmast in Gelenkmastbauweise installiert. Für zwei Besatzungsmitglieder montierte der Aufbauhersteller zwei Sitze am Heck.

Rettungsgerätewagen Unimog BM 435 (U 1700 L) · Aufbau Somati · Flughafen Juba/Sudan · Pulverlöschanlage PLA 250, Generator, hydraulische Schneidgeräte, hydraulische Spreizer und Rettungsausrüstung, Besatzung 1 + 2, Bj. 1984.

Löschfahrzeug der Feuerwehr Werfen im Salzburger Land auf Unimog 1250 L. Aufbau Rosenbauer.

ANHANG

UNIMOG 25 PS

TYPENBLATT

Faksimile des Original-Datenblattes zum U 25 aus dem Jahre 1956

Vielseitig verwendbares Universal-Motor-Gerät für Land- und Forstwirtschaft, Industrie, Gewerbe, für den Einsatz in Gemeinden und bei Lohnunternehmen. Seine wesentlichen Merkmale sind:

Allrad-Antrieb auf vier gleichgroße Räder • Differentialsperren in Vorder- und Hinterachse • Geschwindigkeitsbereich: 0,3 km/std bis 50 km/std • Große Bodenfreiheit bei tiefer Schwerpunktlage • Gefederte Vorder- und Hinterachse • Teleskop-Stoßdämpfer Drei Kraftabtriebe • Hilfsladepritsche • Anbau und Aufbau zahlreicher Arbeitsgeräte

DAIMLER-BENZ AKTIENGESELLSCHAFT WERK GAGGENAU

TECHNISCHE ANGABEN

Grundausführung

Motor

Mercedes-Benz-Dieselmotor, Vierzylinder,

Motorleistung (Nennleistung)	25 PS
Motorleistung (SAE-Norm)*	28 HP / 2350 n

Bosch-Einspritzanlage, Wasserkühlung mit Pumpe und Thermostat, elektrischer Anlasser, Drehzahlregler, eingebauter Betriebsstundenzähler

* *Bei der Leistungsangabe in horsepowers (HP) sind die Leistungen der zum Motorbetrieb nicht erforderlichen Nebenaggregate unberücksichtigt.*

Elektrische Ausrüstung:
Bosch-Lichtmaschine 12 Volt, 130 Watt, mit selbsttätiger Spannungsregelung, 105 Ah-Batterie in Schutzkasten, 2 geschützt eingebaute Scheinwerfer, Signalhorn, Blinkleuchten, 2 Rückblickspiegel, Schlußleuchten, Steckdose für Anhängerbeleuchtung oder Handlampe

Armaturen:
Tachometer, Öldruckmesser und Fernthermometer

Fahrgestell

Kupplung:
Fichtel-&-Sachs-Einscheiben-Trockenkupplung K 16 Z

Wechselgetriebe:
Daimler-Benz-Getriebe mit 6 Vorwärts- und 2 Rückwärtsgängen, Vorderradantrieb

Fahrgeschwindigkeit bei Motordrehzahl 2350 U/min:

1. Gang	3,4 km/h	5. Gang	34 km/h
2. Gang	6,4 km/h	6. Gang	52 km/h
3. Gang	11,5 km/h	1. Rückwärtsgang	2,5 km/h
4. Gang	21 km/h	2. Rückwärtsgang	4,5 km/h

Vorder- und Hinterachse:
Portalachsen mit Kegelraddifferentialen und Laufradvorgelegen. Vorderachse zu- und abschaltbar (Vierradantrieb) Differentialsperren an Vorder- und Hinterachse in allen Gängen ohne Kuppeln schaltbar. Schraubenfedern hinten doppelt und hydraulische Teleskopstoßdämpfer vorn und hinten

Lenkung:
Typ 25 / Firma Fulmina

Bremse:

Fußbremse	Öldruck - Vierrad - Bremse
Handbremse	mechanisch wirkend auf Hinterräder

Bereifung:
6.50 – 20 AS Spezial, für Gelände und Straße

Aufbau

Ganzstahlkarosserie, 2 gut gefederte und gepolsterte Sitze,

Rahmen:
Rechteckrahmen aus U-Profil mit 5 Querträgern

Ladepritsche:
Pritsche mit ca. 2,2 qm Ladefläche
Bordwände und Einlegeboden der Pritsche sind für hintere Bodensicht bei Geräteanbau leicht abnehmbar

Anhänge-Vorrichtungen:
Hinten: Automatische Anhängerkupplung
Vorne: Kupplungsmaul mit Steckbolzen

Kraftstoffanlage:
1 Behälter à 40 Liter. Raum für Reservekanister vorhanden

Gewichte und Abmessungen

Leergewicht (nach DIN 70020 ohne Fahrer)	1655 kg
Nutzlast auf der Ladefläche	1000 kg
zulässiges Gesamtgewicht	3150 kg
zulässige Achslast:	
Vorn	1350 kg
Hinten	1800 kg

Kraftstoffverbrauch:
ca. 10 Liter für 100 km auf der Straße (ohne Anhänger)
ca. 2–6 Liter pro Stunde auf dem Acker, je nach Arbeitsleistung

Abmessungen:

Spurweite vorn/hinten	1290 mm
nach Umstecken der Räder vorn/hinten	1480 mm
Radstand	1720 mm
Bodenfreiheit: unter Differential	370 mm
unter Achse	450 mm
größte Länge	3520 mm
größte Höhe	1600 mm
größte Höhe mit Verdeck und Windschutzscheibe (Sonderausrüstung)	2065 mm
größte Breite	1630 mm
Höhe der Ladepritsche vom Boden	1000 mm
Pritschenfläche	1475 × 1500 mm
Höhe der Pritschenbordwände	360 mm
Höhe der Anhängerkupplung vom Boden	720 mm
kleinster Spurkreis-Durchmesser nach links und rechts (DIN 70020)	7,6 m

Sonderausrüstung (gegen Mehrpreis)

Zusammenklappbares Fahrerhausverdeck, mit wetterfestem Segeltuch, mit Rückwand und 2 Seitensteckteilen
Windschutzscheibe abklapp- und abnehmbar, mit Rückblickspiegel und Scheibenwischern,
Türen, links und rechts
Sitzerhöhung für 2 Sitze
Ackerschiene für Ackergeräte
Wagenheber
Reserverad, bereift
Zwillingsbereifung
Sonderabtrieb
Zapfwelle, vorn
Zapfwelle, hinten
Seitenabtrieb mit Riemenscheibe
Kraftheber, vorn
Dreipunktgestänge
Kriechgang-Zusatzgetriebe mit 2 Gängen
Sitz- und Aufsteckteile für Pritsche
Kipp-Pritsche
Aufsteckbretter
Pritschenverdeck
Rückbeleuchtung für Arbeitsgeräte
Aufstiegringe
Verlängerter Luftansaugstutzen mit Regenkappe
Begrenzungsleuchten für Anhängerbetrieb
Klappseitenwand für Kipp-Pritsche mit und ohne Aufsteckbretter

Anbau-Geräte

Vordere Seilwinde mit und ohne Bremseinrichtung, hintere Seilwinde mit Einlaufbogen oder Spulvorrichtung und Standketten, Rücklaufbremse für hintere Seilwinde, Preßluftanbaugerät 2200 l, vorderes Mähwerk (Aushebung durch vorderen Kraftheber)
Vollständige Gerätereihen für die verschiedenen Arbeiten

DAIMLER-BENZ AKTIENGESELLSCHAFT WERK GAGGENAU

583 d Printed in Germany

Datenblatt des Unimog S, Baumuster 404 B aus dem Jahre 1965

Verwendbare Motorvarianten

1. Motor-Baumuster 180.927
Verdichtung .... ∞ = 7,0 f. Kraftstoff RoZ 85
Dauerleistung bei 4800 U/min .... 82 PS
Elektrische Anlage .... 24 Volt 600/900 Watt, fernentstört und schwallwassergeschützt

2. Motor-Baumuster 180.928
Verdichtung .... ∞ = 7,0 f. Kraftstoff RoZ 85
Dauerleistung bei 4800 U/min .... 82 PS
Elektrische Anlage .... 24 Volt 600/900 Watt, nahentstört und schwallwassergeschützt

3. Motor-Baumuster 180.929 (serienmäßige Ausrüstung)
Verdichtung .... ∞ = 7,0 f. Kraftstoff RoZ 85
Dauerleistung bei 4800 U/min .... 82 PS
Elektrische Anlage .... 24 Volt 300/450 Watt, Entstörung der Zündanlage nach StVZO

4. Motor-Baumuster 180.942
Verdichtung .... ∞ = 8,7 f. Kraftstoff RoZ 96
Dauerleistung bei 4800 U/min .... 92 PS
Elektrische Anlage .... 24 Volt 600/900 Watt, nahentstört und schwallwassergeschützt

Zusätzliche Ausrüstungen

1. Motor- und Batterievorwärmanlage SA 35 163/3
Einrichtung für die Inbetriebsetzung und Inbetriebhaltung des Fahrzeugs bis zu -40° C.
Motorvorwärmung mit Schwingfeuergerät über einen im Kühlsystem eingebauten Wärmetauscher.
Batterievorwärmung mit Verbrennungsgasen des Schwingfeuergerätes, Warmhaltung der Batterie mit Motor-Verbrennungsgasen.
Vorwärmzeit von -40° C bis zur erforderlichen Betriebstemperatur etwa 25 Minuten.

2. Elektrische Kraftstoff-Zusatzpumpe SA 35.198
Zusätzlich zur serienmäßigen mechanischen Kraftstoffpumpe zur Sicherstellung einer einwandfreien Kraftstoffversorgung bei hohen Außentemperaturen.

3. Verstärkte Federn und Reifen SA 35 254
Für Gesamtgewichte über 4750 bis 5200 kg und Achslasten über 2750 bis 3000 kg.

4. Verstärkte Stoßdämpfer SA 35 146
Für besonders hohe Beanspruchung im Gelände.

5. Bremshelf-Anlage SA 35 096
Zur Verstärkung der Wirkung der Betriebsbremse für Gesamtgewichte über 4400 bis 5200 kg.

Technische Daten Unimog S

1. Fahrgestell

a) Motor

Baumuster .... 180.928 oder andere (s. Abschn. V)
Hersteller .... Daimler-Benz AG, Untertürkheim
Bauart .... Reihenmotor mit hängenden Ventilen
Anzahl der Zylinder 6
Verbrennungs- und Arbeitsverfahren Otto-4-Takt
Verdichtung .... $\varepsilon = 7$ f. Kraftstoff RoZ 85
oder .... $\varepsilon = 8{,}7$ f. Kraftstoff RoZ 96
Bohrung .... 80 mm
Hub .... 72,8 mm
Gesamthubraum .... 2196 cm
Schmierung .... Druckumlaufschmierung durch Zahnradpumpe
Ölfilterung .... Micronicfilte
Luftfilterung .... Ölbadluftfilte
Vergaser .... Geländevergaser Zenith, Typ 32 NDI
Kühlung .... Wasserumlaufkühlung über Pumpe Thermostat, Röhren-Lamellen-Kühle
Dauerleistung bei 4800 U/min .... 82 PS bei $\varepsilon = 7,$
92 PS bei $\varepsilon = 8,$
max. Drehmoment .... 15 mk
max. Drehzahl .... 5200 U/mi
Kraftstoffnormverbrauch ohne Anhängerlast* ..... 18,5 l/100 km

* Ermittelt bei 2/3 Höchstgeschwindigkeit mit Zuschlag von 10 %.

b) Kraftübertragungsteile und Fahrwerk

Kupplung .... Einscheiben-Trockenkupplung Typ KS 225 Sph Fichtel & Sach
Wechselgetriebe .... 6 Vorwärts-, 2 Rückwärtsgänge vollsynchronisier

Zusätzliche Sonderausrüstung:
Sonderabtrieb .... Untersetzung 4,7 :
Gelenkwelle .... vor
nutzbare Leistung .... 50 P
Anschlußprofil am Gelenkwellenabtrieb ..... nach DIN 961

Vorder- und Hinterachse . Portalachsen mit Stirnrad-Vorgelegen Kegelraddifferentialen, Differentialsperren un Vorderradabtrieb in allen Gängen ohne Kuppeln schaltba
Bereifung .... vorn und hinten einfac
Räderart .... Scheibenräde
Felgengröße .... 9 x 20, Einpreßtiefe nach DIN 964
Reifengröße .... 10-20 (Niederdruckreifen) Profil
Reifendruck .... Straße 2–2,25 atü, Gelände 0,8–1,25 at Reifen 6 pl. r

* 6 pl. r. bis 2500 kg Achslast bzw. 2750 kg bei Sonderfahrzeugen, 8 pl. r. bis 3000 kg Achslast.

Lenkung .... DB-Kugelumlauflenkung Typ L Lenkungsdämpfer, Radstellungsanzeiger an Lenksäul
Federung vorn und hinten .... Schraubenfeder Teleskop-Stoßdämpfe
Fußbremse .... hydraulisch wirkende 4-Radbrems
Handbremse .... mechanisch wirkend auf Hinterräde
Kraftstoffanlage .... 2 Behälter à 60 Lite
Anhängerkupplung hinten ..... Ringfeder Typ RU Größe K 1 für amerikanische Zugöse. Zeichn.Nr. 000 315 86 9 oder andere für zivile Verwendun
Abschleppkupplung vorn ..... Kupplungsmaul mit Steckbolze oder andere für zivile Verwendun

c) Elektrische Anlage

Betriebsspannung .... 24 Vo
Lichtmaschine .... 300/450 Watt ode Sonderausrüstung 600/900 Wat
Batterie .... 2 x 12 V – 56 A
Nennleistung des Anlassers .... 1 P
Blinkleuchten .... vorn und hinte
Bremsschlußleuchten .... links und recht
Anhängersteckdose 7polig
Kraftstoffmeßanlage ...... Geber im hinteren Kraftstoffbehä

Zusätzliche Sonderausrüstung

Schwallwassergeschützte und nahentstörte elektrische Anlage nach Schaltplan Nr. 404 540 1300 und Nr. 60.4041.0836–00
Fremdladesteckdose, 2polig, nach Zeichnungs-Nr. 000 545 24 26/000 545 00 50 für maximale Anlasserleistung

2. Fahrerhaus:

3-Punkt-gelagert, Stahlbauweise in geschlossener (Mehrpreis) oder offener Ausführung mit Klappverdeck.
Windschutzscheibe aus Verbundglas.
2 Scheibenwischer an der Windschutzscheibe unten.
Rückblickspiegel links und rechts klappbar.
2 Sitze für Fahrer und Beifahrer mit verstellbarer Rückenlehne.
Instrumente und Schalter im Bereich des Fahrers.
Im Fahrerhaus sind als zusätzliche Sonderausrüstung Halterungen vorgesehen für: 1 Verbandkasten, 1 Klauenbeil.
Fahrerhausheizung über Kühlsystem des Motors als zusätzliche Sonderausrüstung.

3. Pritsche

Lichte Maße der Lädefläche

Länge	3000 mm
Breite	2000 mm
Höhe der Seitenwände und Rückwand	500 mm
Höhe der Vorderwand	840 mm

Pritschenunterbau aus Stahl mit Holzboden, Seitenwände und Rückwand mit Stahlblech beplankt.
Pritschenverdeck mit 1 PVC(Polyvinylchlorid)-Fenster in Vorderwand und je 2 PVC-Fenster in den Seitenwänden mit Abblendklappen.

4. Zubehör und Werkzeug:

Werkzeugetasche mit:
1 Zündkerzenschlüssel,
1 Sechskantstiftschlüssel, Schlüsselweite 6,
3 Schraubenzieher,
6 Doppelschraubenschlüssel, Schlüsselweite 8–32,
1 Universalzange,
1 Kombinationszange,

sonstige Werkzeuge wie:
1 Wagenheber,
1 Radmutternschlüssel,
1 Hammer,
2 Reifenmontierhebel.

Kenndaten des Fahrzeuges

Spurkreisdurchmesser	12,1 m
Höchstgeschwindigkeit $v_{max.}$	95 km/h
Geringste Marschgeschwindigkeit $v_{min.}$	1,5 km/h
Steigfähigkeit	
mit 1,5 t Nutzlast	70 %
mit 1,5 t Nutzlast und 1 t Anhängelast	55 %
Überfahren von Stufen	ca. 400 mm
Zughakenkraft max.	ca. 2800 kg
Fahrbereich mit 1,5 t Nutzlast bei Kraftstoff-Normverbrauch	ca. 650 km
Watfähigkeit	ca. 800 mm
Zulässige Querneigung bei Nutzlast-Schwerpunkt 520 mm über Oberkante Fahrzeugrahmen	ca. 40 %
statische Kippgrenze des unbeladenen Fahrzeugs	ca. 78 %

Maße, Gewichte und Achslasten

Radstand	2900 mm
Spurweite vorn	1630 mm
Spurweite hinten	1630 mm
Breite über alles	2140 mm
Länge über alles ohne Seilwinde	4925 mm
Länge über alles mit Seilwinde	5300 mm
Höhe über alles (beladen)	2540 mm
Rampen-Winkel vorn ohne Seilwinde	45°
Rampen-Winkel vorn mit Seilwinde	40°
Rampen-Winkel hinten ohne Stoßfänger	46°
Rampen-Winkel hinten mit Stoßfänger	40°
Bodenfreiheit unter Differential	400 mm
Bodenfreiheit unter der Achse	470 mm
Bauchfreiheit nach DIN 70020	400 mm
Höhe der Anhängerkupplung (beladen)	740 mm
Zulässige Achslast **vorn**	2100 kg
für Löschfahrzeuge, Sonderaufbauten, bei Sonderausführungen und mit schweren Vorbaugeräten	2500 kg
bei schweren Vorbaugeräten und 20 km/h Höchstgeschwindigkeit	2700 kg
Zulässige Achslast **hinten**	2500 kg
für Löschfahrzeuge, Sonderaufbauten und bei Sonderausführungen	3000 kg
Fahrgestell-Gewicht einschließlich Fahrerhaus	2300 kg
Zulässiges Gesamtgewicht	4400 kg
für Löschfahrzeuge, Sonderaufbauten, bei Sonderausführungen und mit schweren Vorbaugeräten	4750–5200 kg
Gewicht des Fahrzeuges betriebsfertig mit Kraftstoff, Ersatzrad, Fahrerhaus, Pritsche, Verdeck, Werkzeug und Fahrer	2900 kg
Zuladung einschließlich Gleitschutzketten und Beifahrer mit Ausrüstung	1500 kg

UNIMOG		 U 600 L/26	 U 800 L/29	 U 1100 L/29
Baumuster		421.128/129	413.110/111	416.114/115 (416.162/163)
Motor, Typ		OM 616	OM 314	OM 352
Zylinder		4	4	6
Leistung (DIN 70020)	kW(PS)	44(60)	55(75)	81(110)/92(125)
bei Nenndrehzahl	1/min	3500	2600	2800
max. Drehmoment	Nm(kpm)	137(14,2)	245(25)	318(32)/364(37)
bei Drehzahl	1/min	2000	1600	1700
Drehmomentanstieg	%	14,1	21,3	15,1/16,0
Hubraum	cm^3	2404	3780	5675
Tankinhalt: Serie/Wahlweise	l	90	90/120	90/120
ca. Leergewicht	kg	2220	2850	2950
zul. Gesamtgewicht	kg	4200	6500	6500/6750
max. zul. Achslast: vorn/hinten	kg	2600	4000	4000
Radstand	mm	2605	2900	2900
Wendekreisdurchmesser	m	11,2	12,5	12,5
Bodenfreiheit unter Differential	mm	415	440	440
Länge	mm	4740	4765	4765
Breite	mm	1825	2040	2040
Höhe	mm	2250	2340	2340
Pritsche (Länge x Breite x Höhe)	mm	2500 x 1600 x 367 (Stahlwanne)	3000 x 2000 x 500	3000 x 2000 x 500
Lenkung: mechan.(A), hydr. Servol.(B), hydrostat.(C)		A/B	B	B
Geschwindigkeitsbereiche bei Bereifung:		10,5-20	12,5-20	12,5-20
a) Hauptgetriebe	V km/h	6-2 5,4-77	6-2 5,4-79	6-2 5,4-79 (6,7-97)
b) dto. mit 2 x 4-Schaltung	V km/h	8-4 5,4-77	8-4 5,4-79	8-4 5,4-79 (6,7-97)
c) Zwischengänge	V km/h	6-2 4,3-62,0	6-2 4,3-62,3	6-2 4,2-61,3 (-)
d) Kriechgänge	V km/h	4-2 1,2-6,7	4-2 1,2-6,8	4-2 1,2-6,7 (-)
e) Schnecken-/Superkriechgänge	V km/h	4-2 0,13-0,73	4-2 0,13-0,74	4-2 0,12-0,72 (-)
f) Arbeitsgruppe	V km/h	-	-	-
g) Kriechganggruppe	V km/h	-	-	-
Getriebezapfwelle 540/1000/min	Drehzahl bei Nenndrehzal 1/min	678/1238	610/1114	657/1200
Motorzapfwelle 540/1000/min	Drehzahl bei Nenndrehzal 1/min	678/1238	610/1114	657/1200
wegeabhängiger Nebenabtrieb	Drehzahl bei Nenndrehzal 1/min	-	x	x
schneller Nebenabtrieb	Drehzahl bei Nenndrehzal 1/min	-	3540	3810
sehr schneller Nebenabtrieb	Drehzahl bei Nenndrehzal 1/min	-	-	-
Frontkraftheber 1 Zyl.	Hubkraft N (kp)	-	-	-
Frontkraftheber 2 Zyl.	Hubkraft N (kp)	-	-	-
Heckkraftheber	Hubkraft N (kp)	-	-	-
hydr. Pumpenleistung	l/min	32	40	40
Betriebsdruck	bar	150	180	180
Ölvolumen/zul. Entnahmemenge (waagerecht)	l	13/7	18/14	18/14
Bereifung		1. 10,5-18 6 PR 2. 10,5-18 8 PR 3. 10,5-20 6 PR 4. 10,5-20 8 PR	1. 10,5-20 10 PR 2. 12,5-20 12 PR 3. 22-20 10 PR	1. 10,5-20 10 PR 2. 12,5-20 10 PR 3. 22-20 10 PR
Spurweiten	mm	1. 1400	1. 1555	1. 1555
	mm	2. 1400	2. 1625	2. 1625
	mm	3. 1390	3. 1830	3. 1830
	mm	4. 1390		
	mm			
	mm			
	mm			
	mm			
max. Steigfähigkeit	%	90	90	90

U 1100 L/34	U 1300 L/32	U 1300 L/37	U 1700 L/32	U 1700 L/38
416.116/117	435.115	435.117	435.111	435.113
OM 352	OM 352	OM 352	OM 352 A	OM 352
6	6	6	6	6
81(110)	96(130)	96(130)	124(168)	124(168)
2800	2800	2800	2800	2800
318(32)	382(39)	382(39)	520(53)	520(53)
1700	1500	1500	1800	1800
15,1	16,7	16,7	23,0	23,0
5675	5675	5675	5675	5675
90/120	160	160	160	160
3000	3830	3990	4780	5040
6500	7490	7490	10600	12000
4000	4000	4000	5600/6200	5600/7000
3400	3250	3700	3250	3850
14	13,8	15,5	13,8	15,7
440	440	440	500	500
5380	5400	5850	5400	6230
2040	2300	2300	2340	2340
2340	2610	2610	2650	2650
3600 x 2000 x 500	3150 x 2200 x 500	–	3150 x 2200 x 500	4050 x 2375 x 500
B	B	B	B	B
12,5-20	12,5-20	12,5-20	13R22,5	13R22,5
6-2 5,4-79	8-8 6,0-79	8-8 6,0-79	8-8 6,9-90	8-8 6,9-90
8-4 5,4-79	–	–	–	–
6-2 4,2-61,3	–	–	–	–
4-2 1,2-6,7	–	–	–	–
4-2 0,12-0,72	–	–	–	–
–	8-8 1,1-13,7	8-8 1,1-13,7	8-8 1,2-15,7	8-8 1,2-15,7
–	8-8 0,11-1,41	8-8 0,11-1,41	8-8 0,12-1,62	8-8 0,12-1,62
657/1200	686/1208	686/1208	686/1208	686/1208
657/1200	686/1208	686/1208	686/1208	686/1208
x	–	–	–	–
3810	2800	2800	2800	2800
–	3950	3950	3950	3950
–	–	–	–	–
–	–	–	–	–
–	–	–	–	–
40	53	53	53	53
180	200	200	200	200
18/14	31/26	31/26	31/26	31/26
1. 10,5-20 10 PR 2. 12,5-20 10 PR 3. 22-20 10 PR	1. 12,5-20 12 PR 2. 12,5R20 139 G 3. 14,5-20 10 PR 4. 14,5-20 18 PR 5. 18-20 8 PR	1. 12,5-20 12 PR 2. 12,5R20 139 G 3. 14,45-20 10 PR 4. 14,5-20 18 PR 5. 18-20 8 PR	1. 12,00-20 18 PR 2. 12 R22,5 3. 13,00R20 4. 13R22,5 5. 14,5-20 18 PR 6. 14,5-24 16 PR 7. 16/70-24 14 PR 8. 16,5/75R20 145 G	1. 12,00-20 18 PR 2. 12 R22,5 3. 13,00R20 4. 13R22,5 5. 14,5-20 18 PR 6. 14,5-24 16 PR 7. 16/70-24 14 PR 8. 16,5/75R20 145 G
1. 1555 2. 1625 3. 1830	1. 1860 2. 1870 3. 1860 4. 1870 5. 1940	1. 1860 2. 1870 3. 1860 4. 1870 5. 1940	1. 1920 2. 1870 3. 1870 4. 1870 5. 1870 6. 1870 7. 1870 8. 1940	1. 1920 2. 1870 3. 1870 4. 1870 5. 1870 6. 1870 7. 1870 8. 1940
90	90	90	90	90

UNIMOG		U 650 L/26	U 1150 L/29	U 1150 L/34	U 1250 L/32
Baumuster		407.111	417.111	417.120	427.111
(nur für Export außerhalb der EG)		(407.211)	(417.211)	(417.220)	
Motor, Typ		OM 616	OM 352	OM 352	OM 366 A
Zylinder		4	6	6	6
Leistung (DIN 70020)	kW(PS)	44(60)	81(110)	81(110)	92(125)
bei Nenndrehzahl	1/min	3500	2800	2800	2400
max. Drehmoment	Nm(kpm)	137(14)	314(32)	314(32)	425(43,3)
bei Drehzahl	1/min	2000	1700	1700	1600-1800
Drehmomentanstieg	%	14,1	13,7	13,7	16,1
Hubraum	cm^3	2399	5675	5675	5958
Tankinhalt: Serie/Wahlweise	l	90	90/120	90/120	90/130
ca. Leergewicht	kg	2360	3090	3140	3800
zul. Gesamtgewicht	kg	4500-5800	6500-7500	6500-7500	7500-8500
max. zul. Achslast: vorn	kg	2800-3200	4000-4400	4000-4400	4000-5100
hinten	kg	2800-3800	4000-4400	4000-4400	4000-5500
Radstand	mm	2605	2900	3400	3250
Wendekreisdurchmesser	m	11,5	12,8	14,4	14,1
Bodenfreiheit unter Differential	mm	415	440	440	440
Länge	mm	4740	4765	5380	5400
Breite	mm	1895	2040	2040	2100
Höhe	mm	2450	2560	2560	2620
Aufbaulänge ca.:	mm	2600	3080	3650	3250
Lenkung: mechan.(A), hydr. Servol.(B), hydrostat.(C)		A/B	B	B	B
Geschwindigkeitsbereiche bei Bereifung		10,5-20	12,5-20	12,5-20	12,5-20
a) Hauptgetriebe	V km/h	8-4 5,0-72	8-4 5,6-81	8-4 5,6-81	8-8 8,9-83
b) Zwischengänge	V km/h	8-4 4,2-61,3	8-4 4,4-63	8-4 4,4-63	-
c) Arbeitsgruppe	V km/h	-	-	-	8-8 1,5-14,4
Getriebezapfwelle 540(1000)min	Drehzahl bei Nenndrehzahl l/min	696(1270)	657(1200)	657(1200)	623(1096)
Motorzapfwelle 540(1000)min		696(1270)	657(1200)	657(1200)	623(1096)
wegeabhängiger Nebenabtrieb		-	x	x	-
schneller Nebenabtrieb		-	3800	3800	2400
sehr schneller Nebenabtrieb		-	-	-	3380/3934
hydr. Pumpenleistung	l/min	40	40	40	50
Betriebsdruck	bar	180	180	180	200
Ölvolumen/zul. Entnahmemenge (waagerecht)	l	18/14	18/14	18/14	31/26
Anzahl der Radbolzen		6	6	6	6
Bereifung		1. 10,5-18(10,5-/R20)	1. 10,5-/R20	1. 10,5-/R20	1. 9,00-/R20
		2. 12,5-18	2. 12,5-/R20	2. 12,5-/R20	2. 10,5-/R20
		3. 10,5-R20	3. 14,5-/R20	3. 14,5-/R20	3. 12,5-/R20
			4. 22-20	4. 22-20	4. 14,5-/R20
Spurweiten	mm	1. 1400(1390/1490)	1. 1555/1785	1. 1555/1785	1. 1540
	mm	2. 1445	2. 1630/1780	2. 1630/1780	2. 1585/1815
	mm	3. 1390/1490	3. 1630	3. 1630	3. 1660/1810
	mm		4. 1830	4. 1830	4. 1660/1810
	mm				
	mm				
	mm				
Steigfähigkeit ca.	%	80	80	80	80

U 1350 L/32	U 1550 L/37	U 1650 L/32	U 1750 L/32 U 2150 L/32	U 1750 L/38 U 2150 L/38
437.110	437.120	427.116	437.113/118	437.131/136
OM 366 A	OM 366 A	OM 366 A	OM 366 A	OM 366 A/OM 366 LA
6	6	6	6	6
100(136)/125(170)	100(136)/125(170)	115(156)	125(170)/157(214)	125(170)/157(214)
2400/2600	2400/2600	2400	2600	2600
470(48)/560(57)	470(48)/560(57)	530(54)	560(57)/660(67)	560(57)/660(67)
1600-1800/1400-1500	1600-1800/1400-1500	1500-1600	1400-1500/1400-1700	1400-1500/1400-1700
18,1/22,0	18,1/22,0	15,8	22,0/14,4	22,0/14,4
5958	5958	5958	5958	5958
90	90	90/130	160	160
3830-4060	3900-4150	4210	4780	5040
7500-9000	7500-9500	10000-10500	10600-12000	12500
4000-4100	4000-4100	5300-6000	5300-6200	5300-7000
4000-5000	4000-5000	6000-6500	6500	7200
3250	3700	3250	3250	3850
14,1	15,5	14,1	13,8	15,7
440	440	495	500	500
5400	5850	5400	5400	6490
2300	2300	2170	2340	2340
2610	2610	2655	2650	2650
3250	3700	3250	3250	4080
B	B	B	B	B
12,5R20	12,5R20	12,5R22,5	13R22,5	13R22,5
8-8 6,5-85/7,0-92	8-8 6,5-85/7,0-92	8-8 8,9-83	8-8 6,4-84/6,9-91	8-8 6,4-84/6,9-91
-	-	-	-	-
8-8 1,1-14,7/1,2-15,9	8-8 1,1-14,7/1,2-15,9	8-8 1,5-14,4	8-8 1,1-14,6	8-8 1,1-14,6
623(1096)/675(1187)	623(1096)/675(1187)	623(1096)	675(1187)	675(1187)
623 (1096)/675 (1187)	623 (1096)/675 (1187)	623 (1096)	675 (1187)	675 (1187)
-	-	-	-	-
2400/2600	2400/2600	2400	2600	2600
3930/4262	3930/4262	3380/3934	3670	3670
50	50	50	55	55
200	200	200	200	200
31/26	31/26	31/26	31/26	31/26
6	6	8	10	10
1. 12,5-R20	1. 12,5-R20	1. 9,00-R20	1. 12,00-R20	1. 12,00-R20
2. 14,5-/R20	2. 14,5-/R20	2. 10,0-/R20	2. 13,00-/R20	2. 13,00-/R20
3. 18-20	3. 18-20	3. 11,00-/R20	3. 14,5R20	3. 14,5R20
		4. 12,5R20	4. 22-20	4. 22-20
		5. 14,5R20	5. 12R22/13R22,5	5. 12R22/13R22,5
		6. 12R22,5	6. 315/80R22,5	6. 315/80R22,5
		7. 315/80R22,5	7. 14,5R24	7. 14,5R24
1. 1860/1870	1. 1860/1870	1. 1560	1. 1920	1. 1920
2. 1860/1870	2. 1860/1870	2. 1560	2. 1870	2. 1870
3. 1940	3. 1940	3. 1700	3. 1870	3. 1870
		4. 1650	4. 2020	4. 2020
		5. 1650	5. 1870	5. 1870
		6. 1650/1770	6. 1870	6. 1870
		7. 1650/1770	7. 1870	7. 1870
80	80	80	80	80

oben Verkaufsbezeichnung
unten BM – Baumuster

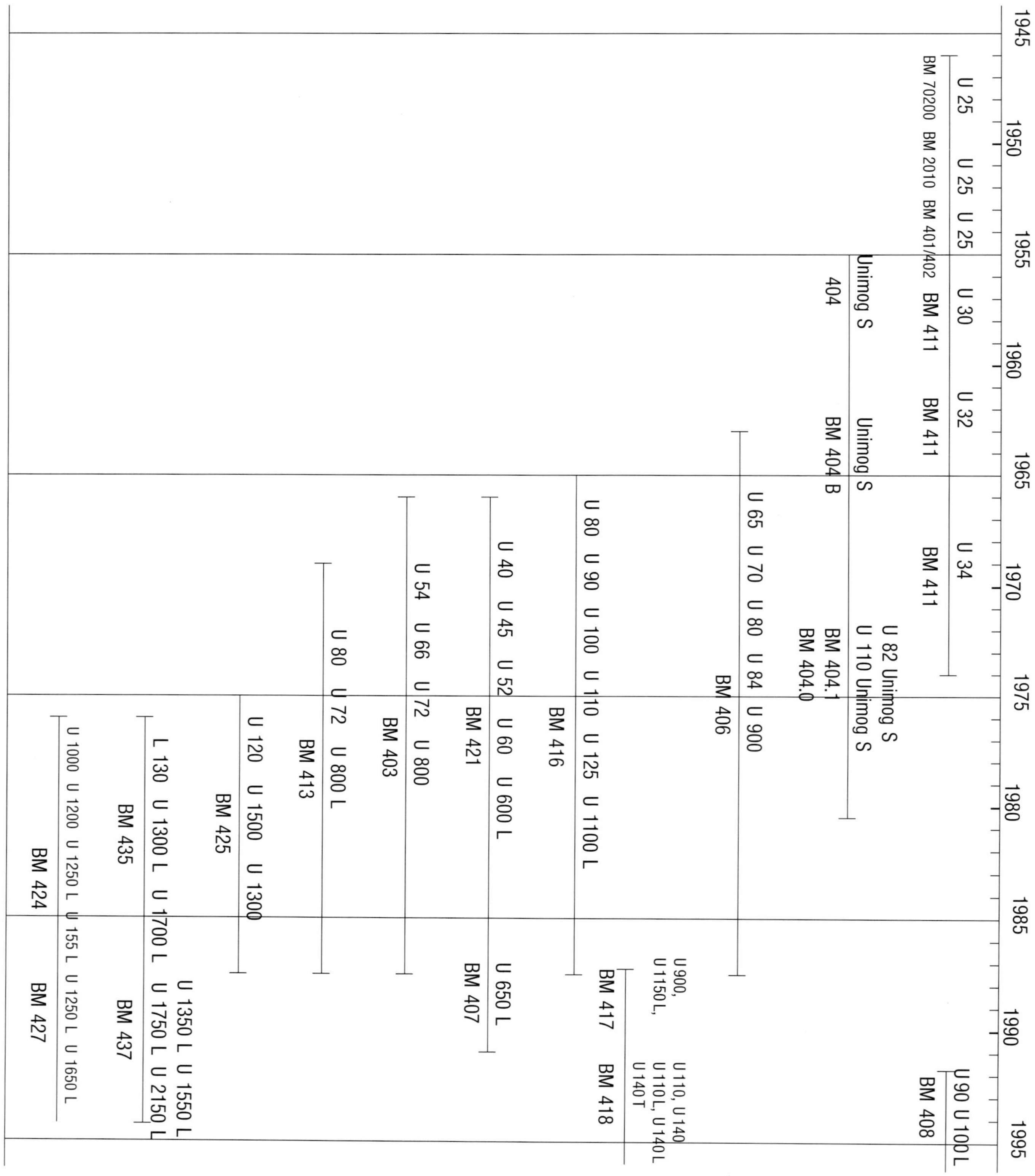

Produktionszeitenübersicht der Unimog Baumuster von 1946 bis 1992

TRIEBWERKSANORDNUNG

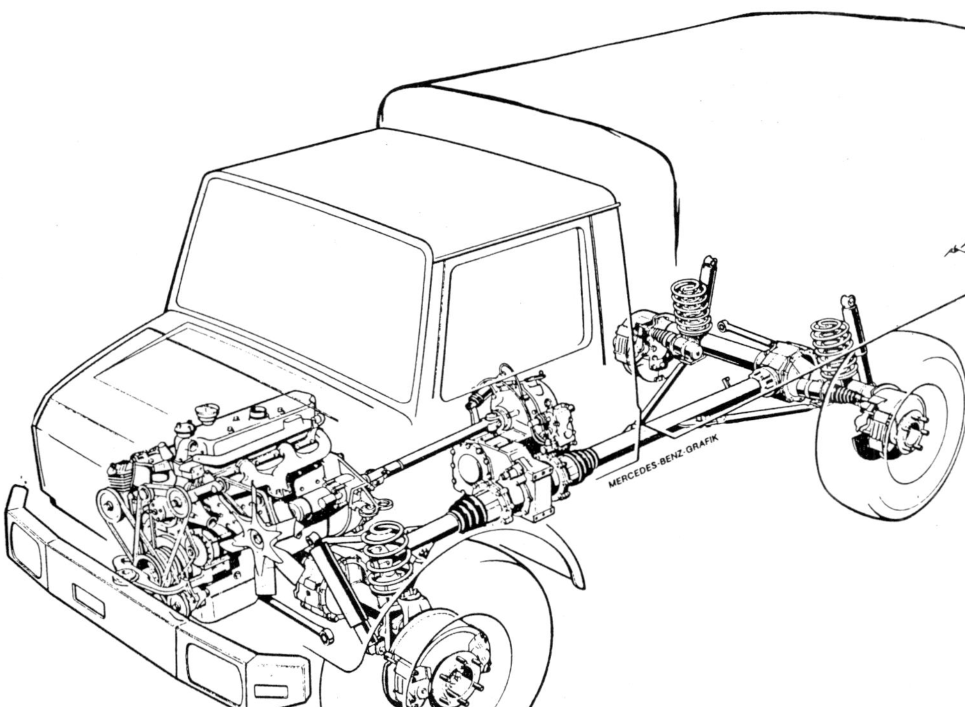

Kraftstrang Unimog U 1300 L LKW 2t GL + MA

ABKÜRZUNGEN

BF	Berufsfeuerwehr
Bj.	Baujahr
BM	Baumuster
FF	Freiwillige Feuerwehr
FLF	Flughafenlöschfahrzeug
FP	Feuerlöschpumpe
FPH	Feuerlöschkreiselpumpe am Heck montiert
FPM	Feuerlöschkreiselpumpe in Fahrzeugmitte montiert
FPV	Feuerlöschkreiselpumpe vor der Motorhaube
GW	Gerätewagen
GW-Öl	Gerätewagen mit Ölwehrausrüstung
Ha	Halon
KTW	Krankentransportwagen
LF	Löschgruppenfahrzeug
LFA	Löschfahrzeug mit Allradantrieb (Österreich)
LLFA	Leichtes Löschfahrzeug mit Allradantrieb (Österreich)
MS	Mittelschaumanlage
NAW	Notarztwagen
P	„Pulver"-Trockenlöschmittel
PLA	Pulverlöschanlage
PLF	Pulverlöschfahrzeug
RF	Rüstfahrzeug
RTW	Rettungswagen
RW	Rüstwagen
S	Schaummittel
SLF	Schaumlöschfahrzeug
SW	Schlauchwagen
TLF	Tanklöschfahrzeug
TroFLF	Trocken-Flughafenlöschfahrzeug
TroLF	Trockenlöschfahrzeug
TroSLF	Trocken-Schaumlöschfahrzeug
TroTLF	Trocken-Tanklöschfahrzeug
TS	Tragkraftspritze
TSF	Tragkraftspritzenfahrzeug
W	Wasser
WF	Werkfeuerwehr
WLF	Wechselladerfahrzeug
WRW	Wasserrettungswagen
WTLF	Waldbrandtanklöschfahrzeug

Quellenverzeichnis

Walter J. Spielberger
Rad- und Vollkettenzugmaschinen

Hans-Otto Neubauer/Michael Wessel
Die Automobile der Benzstadt Gaggenau

Albert Friedrich
Auszüge aus der Entwicklungsgeschichte des Unimog-Fahrzeuges

Heinrich Rößler
So entstand der Unimog

Jörg-Erhard Hofelich
Die Geschichte des Mercedes-Benz-Unimog

Ralf Maile
Auto-Album 2 - 40 Jahre Unimog

Werner Oswald
Mercedes-Benz Lastwagen und Omnibusse

Werner Oswald
Die Kraftfahrzeuge und Panzer der Reichswehr, Wehrmacht und Bundeswehr

Werner Oswald/Manfred Gihl
Kraftfahrzeuge der Feuerwehr und des Sanitätsdienstes

Manfred Gihl
Handbuch der Feuerwehrfahrzeugtechnik

Janette Mallet
Feuerwehrfahrzeuge der Welt

Francis Boileau
De Bestrijders van het Vuur

Zeitschriften
Unimog-Journal
VFDB-Zeitschrift
Brandschutz
112 Magazin der Feuerwehr
Blaulicht
Brekina-Autohefte

Prospekte, Kataloge und Datenblätter der Mercedes-Benz AG und der Feuerwehrgerätehersteller

Bildquellen

Aebi 84m, 98o.
Ajax Ziegler 81.
Bachert 42o, 145ur.
Thomas Batz 31u, 69, 70o, 74u, 74or, 75o, 104o, 141o, 151m, 161o, 165m, 170m, 179o, 182u.
Bergomi 171o, 174o.
Hans-Joachim Bielke 127ol, 130o.
Binz 45o.
Brändle 41, 46, 48ol, 49ur, 50u, 85.
Hans Buliczka 38o, 117u, 118, 179o, 191m.
Camiva (Sairep) 104m, 104u, 105o, 106, 107m, 107u, 108, 109o, 109m, 110m, 110u, 111o.
Carmichael 47, 53u.
Cimasa 120u.
Erhomet 90o.
Roland Feix 53o, 162m.
FGL (Feuerlöschgerätewerk Luckenwalde) 89u.
Klaus Fischer 83ul, 88m, 151o, 154o, 160ml, 165u, 166u, 170ul, 170ur.
Andreas H. Fritzsche 166m, 174u.
Christian Gelloz 134u.
Bill Hattersley 34ur.
Hoegen Dijkhof, H. P. A. Bockholts 82o, 96m, 96u.
INASI 79, 82u, 83o, 94.
Ralf Koch 34ul.
Luda 128o.
Ralf Maile 49ul.
Matra 191o.
Mercedes Benz 9, 13, 14, 15, 16, 17, 18, 19, 20, 21o, 24, 25, 26, 27u, 28o, 29u, 30ml, 31o, 35or, 35u, 51u, 54, 55, 57, 58, 59o, 60, 65, 66u, 67, 68, 76, 77, 82m, 87o, 87m, 95m, 98u, 101, 102, 103u, 105u, 115u, 124, 127u, 129o, 135, 145o, 146o, 149or, 160or, 160ur, 161u, 161u, 170o, 185u, 190.
Metz 22, 27o, 30ul, 59u, 61, 64, 66o, 70u, 71o, 74ol, 127or, 132o, 140, 143u, 144m, 152u, 154u, 157, 159o, 161m, 181o, 182o.
Miesen 36o.
Minimax 32o, 149u, 150or, 152o, 153o, 164u, 172, 177, 184.
Manfred Muhr 32, 37o, 48or, 48u, 78o, 97o, 142ol, 142m, 142ur, 143o, 143m, 146m.
Manfred Nonnenbroich 35ol, 63l.
Karl-Ludwig Ostermann 37u, 39u.
Udo Paulitz 137, 142or, 160ol, 160ul.
Rapid 131u.
Rau 136o.
Lars von Rosen 78m, 98m, 126u.
Rosenbauer 29o, 38u, 39o, 42u, 43, 45u, 50o, 51o, 52o, 80u, 83ur, 86, 87u, 88u, 91o, 114o, 133, 134o, 141u, 165o, 173o, 173m, 179m, 180, 188, 189.
Rosenbauer-Südafrika 80ol, 83ml, 90u, 119, 120o.
Saval-Kronenburg-Spanien 129u, 130u.
Klaus G. Schaar 179u.
Klaus Schäfer 112u, 123, 136u.
Henrik Schrader 80or.
Sides 32u, 103o, 107o, 109u, 112o, 173u, 181u.
Simon Gloster Saro 167u, 175.
Somati 92/93, 114m, 114u, 115o, 191u.
Karl-Hermann Ströde 44u, 138/139.
Technamm 105m, 111m, 111u.
Tecin-Rosenbauer 128u, 134m.
Temax 122.
Total 30o, 30ml, 34o, 95u, 96o, 150u, 151u, 153u, 155, 159u, 162o, 163, 164o, 169, 171u.
Tüscher 28mr.
Veho 89o, 142ul.
Vogt 84o, 84u, 97u.
FF Warmensteinach 75u.
Western Automobile, I. Aoki 99, 125.
Ziegler 36u, 44, 62, 63or, 71u, 72, 73, 78u, 83mr, 88o, 91u, 92o, 95o, 121, 126o, 131o, 132m, 132u, 141u, 144u, 146u, 176, 178.
Archiv u. Fotos des Verfassers 21u, 28ml, 28u, 29m, 49o, 52u, 93o, 97m, 117o, 141m, 147, 148, 149ol, 149m, 150ol, 150m, 158, 162u, 166o, 167o, 167m, 182m, 185o.

Verzeichnis der Länder mit Unimog-Einsatzfahrzeugen

Europa

Andorra
Belgien
Bulgarien
Dänemark
Finnland
Frankreich
Griechenland
Grönland
Großbritannien
Irland
Island
Italien
Liechtenstein
Luxemburg
Niederlande
Norwegen
Österreich
Polen
Portugal
Schweden
Schweiz
Slowenien
Spanien
Türkei
Zypern

Asien

Bahrain
China
Indonesien
Irak
Iran
Israel
Japan
Korea (Süd)
Kuwait
Qatar
Pakistan
Saudi Arabien
Thailand

Australien

Afrika

Algerien
Äthiopien
Kamerun
Lesotho
Lybien
Madagaskar
Malawi
Mauretanien
Nigeria
Senegal
Sierra Leone
Simbabwe
Somalia
Sudan
Südafrika
Tanzania
Tunesien
Zaire

Amerika

Argentinien
Brasilien
Chile
Honduras
Kanada
Kolumbien
Mexiko
Peru
Trinidad & Tobago
USA
Venezuela

Band II · Biemer

Inhalt: Geräte- und Rüstfahrzeuge ● Schlauchwagen ● Zweiwege-Hilfsfahrzeuge ● Eigen-und Umbaufahrzeuge ● Mannschaftstransportwagen ● Krankentransportwagen ● Rettungs-und Notarztwagen ● Gepanzerte Sanitätsfahrzeuge ● Behandlungsfahrzeuge ● Triebkopf-Einsatzfahrzeuge ● Polizeifahrzeuge ● Militärfahrzeuge ● Sonstige Spezialfahrzeuge